中华文化风采录

美好生活品质

适地的居住

徐雯茜 编著

U0253362

北方妇女儿童出版社

·长春·

图书在版编目(CIP)数据

　　适地的居住 / 徐雯茜编著. —长春：北方妇女
儿童出版社，2017.5（2022.8重印）
　　（美好生活品质）
　　ISBN 978-7-5585-1056-4

　　Ⅰ．①适… Ⅱ．①徐… Ⅲ．①居住－文化－介绍
－中国－古代 Ⅳ．①TU-092.2

　　中国版本图书馆CIP数据核字（2017）第103425号

适地的居住

SHIDI DE JUZHU

出 版 人　师晓晖
责任编辑　吴　桐
开　　本　700mm×1000mm　1/16
印　　张　6
字　　数　85千字
版　　次　2017年5月第1版
印　　次　2022年8月第3次印刷
印　　刷　永清县晔盛亚胶印有限公司
出　　版　北方妇女儿童出版社
发　　行　北方妇女儿童出版社
地　　址　长春市福祉大路5788号
电　　话　总编办：0431-81629600

定　　价　36.00元

习近平总书记说：　"提高国家文化软实力，要努力展示中华文化独特魅力。在5000多年文明发展进程中，中华民族创造了博大精深的灿烂文化，要使中华民族最基本的文化基因与当代文化相适应、与现代社会相协调，以人们喜闻乐见、具有广泛参与性的方式推广开来，把跨越时空、超越国度、富有永恒魅力、具有当代价值的文化精神弘扬起来，把继承传统优秀文化又弘扬时代精神、立足本国又面向世界的当代中国文化创新成果传播出去。"

为此，党和政府十分重视优秀的先进的文化建设，特别是随着经济的腾飞，提出了中华文化伟大复兴的号召。当然，要实现中华文化伟大复兴，首先要站在传统文化前沿，薪火相传，一脉相承，弘扬和发展5000多年来优秀的、光明的、先进的、科学的、文明的和自豪的文化，融合古今中外一切文化精华，构建具有中国特色的现代民族文化，向世界和未来展示中华民族具有独特魅力的文化风采。

中华文化就是中华民族及其祖先所创造的、为中华民族世世代代所继承发展的、具有鲜明民族特色而内涵博大精深的优良传统文化，历史十分悠久，流传非常广泛，在世界上拥有巨大的影响力，是世界上唯一绵延不绝而从没中断的古老文化，并始终充满了生机与活力。

浩浩历史长河，熊熊文明薪火，中华文化源远流长，滚滚黄河、滔滔长江是最直接的源头，这两大文化浪涛经过千百年冲刷洗礼和不断交流、融合以及沉淀，最终形成了求同存异、兼收并蓄的辉煌灿烂的中华文明。

中华文化曾是东方文化的摇篮，也是推动整个世界始终发展的动力。早在500年前，中华文化催生了欧洲文艺复兴运动和地理大发现。在200年前，中华文化推动了欧洲启蒙运动和现代思想。中国四大发明先后传到西方，对于促进西方工业社会形成和发展曾起到了重要作用。中国文化最具博大性和包容性，所以世界各国都已经掀起中国文化热。

中华文化的力量，已经深深熔铸到我们的生命力、创造力和凝聚力中，是我们民族的基因。中华民族的精神，也已深深根植于绵延数千年的优秀文化传统之中，是我们的精神家园。但是，当我们为中华文化而自豪时，也要正视其在近代衰微的历史。相对于5000年的灿烂文化来说，这仅仅是短暂的低潮，是喷薄前的力量积聚。

中国文化博大精深，是中华各族人民5000多年来创造、传承下来的物质文明和精神文明的总和，其内容包罗万象，浩若星汉，具有很强的文化纵深感，蕴含丰富的宝藏。传承和弘扬优秀民族文化传统，保护民族文化遗产，已经受到社会各界重视。这不但对中华民族复兴大业具有深远意义，而且对人类文化多样性保护也是重要贡献。

特别是我国经过伟大的改革开放，已经开始崛起与复兴。但文化是立国之根，大国崛起最终体现在文化的繁荣发展上。特别是当今我国走大国和平崛起之路的过程，必然也是我国文化实现伟大复兴的过程。随着中国文化的软实力增强，能够有力加快我们融入世界的步伐，推动我们为人类进步做出更大贡献。

为此，在有关部门和专家指导下，我们搜集、整理了大量古今资料和最新研究成果，特别编撰了本套图书。主要包括传统建筑艺术、千秋圣殿奇观、历来古景风采、古老历史遗产、昔日瑰宝工艺、绝美自然风景、丰富民俗文化、美好生活品质、国粹书画魅力、浩瀚经典宝库等，充分显示了中华民族厚重的文化底蕴和强大的民族凝聚力，具有极强的系统性、广博性和规模性。

本套图书全景展现，包罗万象；故事讲述，语言通俗；图文并茂，形象直观；古风古雅，格调温馨，具有很强的可读性、欣赏性和知识性，能够让广大读者全面触摸和感受中国文化的内涵与魅力，增强民族自尊心和文化自豪感，并能很好地继承和弘扬中国文化，创造未来中国特色的先进民族文化，引领中华民族走向伟大复兴，在未来世界的舞台上，在中华复兴的绚丽之梦里，展现出龙飞凤舞的独特魅力。

生存经验——择地而居

环境造人——顺乎自然

形成理论——寄情山水

广泛传承——选址造物

从上古时期开始，华夏先民在严酷环境的逼迫下，为了适应环境和生存下去，在付出了惨痛代价之后，积累了很多关于人类生存适应自然环境的经验，逐渐形成了依山傍水的居住习俗。

后来，人们在宫殿、住宅、村落、墓地的选址、座向、建设等方面，都希望通过合适的选择，以达到建筑选址的方位布局与周围环境大自然的协调统一，以保证人的生理健康与心理平和，追求最佳的宜居环境。

生存经验

择地而居

山顶洞人的穴居时代

　　在我国上古时期，人们的自然生存环境十分恶劣：居住在地面上，常遭受猛禽野兽的攻击，每时每刻都有伤亡的危险；住在山上，常遭受狂风的吹袭，有时候被吹到山下；住在山下，常遭受洪水的冲

■北京山顶洞人穴居遗址

袭，不是被冲走就是被淹……

在这种情况下，为了生存的安全，人们开始意识到必须改善居住条件，想办法躲避猛禽野兽和狂风、洪水的威胁。

有一个生活在黄土高原上的部落，他们的部落首领看见鼠类动物在地上打洞，然后钻到洞里居住，受到了启发，就叫人们在黄土高原的山坡上打洞，让大家居住在洞里面，并用石头或树枝挡住洞口，这样就可以预防猛禽野兽的侵袭了，而且洞里面是冬天暖和夏天凉快，人们生活安逸多了。

从此，气候寒冷的北方先民开始了穴居生活。考古工作者发现的山顶洞人文化遗址，位于北京西南房山周口店的"北京人"遗址。这是在人类历史上，人们第一次调整人与自然关系的伟大实践。

山顶洞文化属于旧石器时代晚期的文化，由于赤铁矿石和海蚶壳的发现，可知其活动范围的广大，北至宣化，南达海边。

考古工作者在发掘过程中发现，山顶洞文化的底层直接堆积在"北京人"遗址的第一层上。山顶洞遗址由4部分组成：洞口、上室、下室和下窨，前3部分有人类化石和文化遗物，下窨有完整的动物化石。

山顶洞的洞口向北，是人工开凿的。洞口高4米，下宽约5米，上室东西长12米，南北宽8米，上室

■山顶洞人复原画像

北京人 又称北京猿人，是生活在更新世的直立人。正式名称为"中国猿人北京种"，现在在科学上常称之为"北京直立人"。其化石在北京西南周口店龙骨山发现，一般认为约距今70万年~23万年。北京人手脚分工明显，能够制造和使用工具，但还是保留了猿的某些特征。

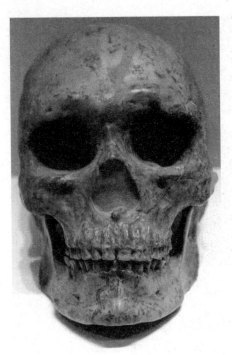

■ 山顶洞人头骨化石

山顶洞人 我国华北地区旧石器时代晚期的人类化石，属晚期智人，处于母系氏族时期。他们使用共有的工具，会人工取火。共同劳动，靠采集、狩猎为生，还会捕鱼，共同分配食物，没有贫富贵贱的差别。能同别的原始人群交换生活用品。已会用骨针缝制衣服，懂得爱美了。

西部有一陡坎，向西倾斜，表面有厚层的石钟乳，下室在此斜坡的底部。下窨在下室深处。

从山顶洞出土的石器，人工痕迹清楚的有25件。做石器的原料主要是石英，还有燧石和砂岩。打石片方法有两种，即砸击法和锤击法。山顶洞人文化主要标志是应用磨光技术和钻孔技术，制造出造型精美的骨器、角制品和大量艺术品。

骨器，除了一些打击骨器外，最有代表性的是一枚骨针。这件标本保存尚好，针眼上缘残缺，下缘至针尖保存完好，长82毫米，针身浑圆，针尖如芒，针眼由残存部分看，是挖刮而成的，而不是钻出来的。由此发现可知，山顶洞人已经懂得缝衣御寒了。

在山顶洞人遗址内，有装饰品共141件。穿孔的小砾石1件，各类穿孔的兽牙125件，包括狐狸的上下犬齿29枚，鹿的上下犬齿和门齿29枚，野狸上、下犬齿17枚，鼬的犬齿2枚，虎的门齿1枚，还有2枚残牙可能是狐狸或鼬的。另外还有穿孔的海蚶壳3个，钻孔的青鱼眶上骨1件，以及有刻道的骨管4件和石珠7件。可见在当时，禽兽动物的确很多。

遗址内第四地点前部是南北走向的裂隙，最宽处约5米，堆积厚度约6.5米，后部为洞穴，洞的走向先向北，而后折向东南。堆积物可分为上下两部，上部呈灰黄色，下部颜色略红，第五水平层在深5米处，化石较多。

在第五水平层，人牙化石是一枚左上第一前臼齿，与"北京人"同一牙齿比较，有明显不同，是"北京人"和山顶洞人之间的区别。

遗址第十三地点，出土的哺乳动物化石共36种，其中大多数是大型动物，食肉目动物占可鉴定的动物的1/3。在这个动物组合中，比较有意义的种属有变种狼、中华缟鬣狗、最后剑齿虎、上丁氏鼢鼠、拟布氏田鼠、拉氏豪猪、三门马、梅氏犀、葛氏斑鹿、扁角肿骨鹿、德氏水牛和硕猕猴等。

这个地点的文化遗物，还有有砸痕的砾石和石片，燧石做的梯形石片，其下缘还可见到清楚的使用过的痕迹。脉石英小砾石做的单直刃刮削器，可供割切之用。原始型的尖状器，小型砍砸器。从这些为数不多的石器材料可知，当时人们打片用砸击法和锤击法。修理工具用锤击法，并已有3种工具：刮削器、尖状器和砍砸器。

第十三地点的时代，相当于我国猿人文化早期，因为这两个地点含文化遗物的地层都发现扁角肿骨大角鹿、上丁氏鼢鼠和原始型的尖状器。

在周口店第十四地点，长25.9米，宽8米，为南北向洞穴，堆积分为3层，上层为洞顶破坏后堆积的红土和表土，中层为石钟乳层，下层为胶结的或尚未胶结的泥沙

山顶洞人开凿洞穴

■山顶洞人在制作工具

层，鱼化石出于此层，并只限于上部的1米厚的堆积和近底部的14厘米一薄层，中间有厚约3.7米的砂岩层隔开。

山顶洞人属于晚期智人，比"北京人"同时代晚，已经有了现代人的外形，留有猿的某些特点，能够使用工具，懂得选择与建造躲避猛禽野兽和冬暖夏凉的洞穴居住。这些早期实践，体现了我国远古先民在追求人与自然的和谐方面的智慧。

阅读链接

裴文中是当代史前考古学、古生物学家。他主持并参与周口店的发掘和研究，是北京猿人第一个头盖骨的发现者，为我国旧石器时代考古学的发展做出了重大贡献。

1929年11月底，天气已经很冷，已到该结束野外考古工作的季节了。但裴文中想继续挖掘工作，把北京人洞穴的底部堆积弄个清楚。这年的12月2日，裴文中又一次腰系绳索到了"下洞"中，终于发现了震惊中外的北京人头盖骨。从此平息了学术界相当关键的争端，揭开了我国古人类研究的新纪元。

有巢氏仿鸟发明巢居

北方先民利用穴居方式解决了狂风和洪水对生存的威胁，而南方的先民们，同样常常遭受狂风和洪水的侵袭。在恶劣自然环境的逼迫下，他们也开始考虑自己居住的安全了。

在南方有一个部落，其中有一个人受到鸟雀在树上搭窝的启发，就指导人们用树枝和藤条在高大的树干上建造房屋。房屋四壁和屋顶都用树枝遮挡得严严实实，既挡风避雨，又可防止洪水冲淹，还可防止禽兽攻击，人们从此不再过那种担惊受怕的日子了。

人们非常感激这位发明巢居的人，便推选他当了部落首领，并尊称他为"有巢氏"。据说这

■原始巢居模型图

■原始人建造巢居

适地的居住

是人类第一次将"氏"用在人身上，用以表示尊敬。

据我国古代神话历史集大成之作《路史》记载：

> 昔载上世，人固多难，有圣人者，教
> 之巢居，冬则营窟，夏则居巢。未有火化，
> 搏兽而食，凿井而饮。桧秸以为蓐，以辟其
> 难。而人说之，使王天下，号曰有巢氏。

《路史》 南宋史学家罗泌编撰的杂史，共47卷，记述了上古以来有关历史、地理、风俗、氏族等方面的传说和史事，取材繁博庞杂，是神话历史集大成之作。该书采用道家等遗书说法，文章华丽而富于考证，言之成理。

有巢氏被推选为部落首领后，他为大家办了许多好事，名声很快传遍了各地。各部落的人都认为他德高望重，就一致推选他为部落联盟的首领，尊称他为"巢皇"。

传说有巢氏执政后，他便与手下人一起到处寻找建都的地方，他选择都城的标准就是要避风避水，但又不能远离水源，这样才适宜人居住和生存。

后来，有巢氏来到了晋西的通天山，他发现通天

山东倚吕梁山，西濒黄河水，从四缘到境内，山环水抱，川错垣间，沟壑纵横，梁峁起伏，真是一块好地方。

通天山地形东高西低，其图形像一个摩崖石刻的"人"字。西面是自天际滚滚而来的黄河水，从"人"字一撇的外沿擦岸盘纡而过，意象苍古，显示着历史的曲折与遥远。东边苍莽叠翠的通天山，恰由"人"字一捺的锋刃处蓄势努起，汇聚着山川的灵气与魅力。

有巢氏就选择了通天山作为都城。传说他最初迁都于此地时，便命人在山上挖了一个洞，他就居住在山洞里处理政事。所以，后人便把通天山看作是有巢氏的都城了。

通天山后来历经演变，在夏代时是西北少数民族的聚居地，在商代时是诸侯沚国的都城，在春秋时称为"屈邑"，在西汉时名叫"土军"，在北魏时设置为冷西郡。

到了隋初的时候，隋文帝杨坚有一次视察到了通天山，见山体自下而上"石叠如楼"，不禁连声赞叹，于是把通天山改为"石楼山"，后来就一直沿用了这个名称。

石楼山区域是一块宝地，这里创造了隶属仰韶文化和龙山文化的不朽文明。在我国最早有文字可考的殷商时期，石楼是方国之一。后

■原始人类使用的石斧

来，史学界公认的"石楼类型的殷商青铜器"，就是这一时期石楼古老而灿烂文化的最好见证。

石楼是有巢氏的诞生地，山川形胜，钟灵毓秀。这里有神奇的物产，其甘泉闻名遐迩，晋马龙驹骏健一时，贡品红枣名扬华夏。著名的"黄河奇湾"是万里黄河九十九道弯中最美最圆的湾，融雄奇婉约于一体，是难得的天然美景。

随着巢湖流域和县猿人遗址、银山智人遗址和凌家滩遗址相继发现，结合古籍记载研究，有巢氏被认为是安徽巢湖人，生活在距今约5500年至5300年的新石器时代。

有巢氏又叫"大巢氏"，简称"有巢""巢"，相传年号"巢皇"。在北京平谷"中华百帝宫"里，"有巢氏"作为率领原始人走出洞穴，构木为巢的"中华第一人文圣祖"，被列为五氏之首。

有巢氏使人类从原始的山洞居住发展到建造房屋，代表着当时人类发展的一个重要阶段。构木为巢的功德，是进步的一个标志，表明先民坚持生存斗争的文明历史进程。

阅读链接

传说有巢氏出生在湖南九嶷山以南的苍梧，他曾经游历仙山，得到了仙人的指点，便有了超人的智慧。他因受到鸟类在树上筑巢的启发，最先发明了"巢居"。

汉代著名辞赋家扬雄的《荆州箴》曾有"南巢茫茫，包荆与楚"之句，这里的"南巢"是指荆楚之地。说是夏代末年，这里生活着一个叫南巢氏的部落，是夏的同盟部族，夏桀被商汤打败后曾来此避难。后来，南巢逐渐成为荆楚之地巢居民族的通称，有人认为，有巢氏可能正是来自于荆楚之地众多的巢居民族。

河姆渡人的干栏式建筑

　　黄河中下游进入半穴居时代的同时，在南方的长江流域一带，高温、多雨又潮湿的水乡泽国，出现了大量的"干栏式"住宅。据唐代著名史学家杜佑编纂的政书《通典》记载："依树积木，以居其上，名曰'干栏'。"这种住屋特色，就是完全的"人造木屋"，其外形和"巢居"诸多相似。后来，经过在浙江省余姚县的河姆渡遗址考

■河姆渡人房屋复原模型

■河姆渡人制作木材

适地的居住

古，发现那里的房屋就是标准的"干栏式"住宅。

河姆渡遗址主要分布在杭州湾南岸的宁绍平原，南抵象山港，包括舟山群岛在内的浙东沿海地区。当时，这里背山面水、风光明媚，是一个宜居的好地方。

河姆渡遗址堆积层厚度约4米，自上而下共分8个层次并相互叠压。除表土层和冲积层外，第一至第四层都是新石器时代文化层。

河姆渡遗址两次考古发掘的大多数探坑中都发现20厘米至50厘米厚的稻谷、谷壳、稻叶、秸秆和木屑、苇编交互混杂的堆积层，最厚处达80厘米。稻谷出土时色泽金黄、颖脉清晰、芒刺挺直，为原始粳、籼混合种，以籼稻为主。伴随稻谷一起出土的还有大量农具，主要是骨耜，有170件，其中2件骨耜柄部还留着残木柄和捆绑的藤条。

在河姆渡遗址各文化层，都发现了干栏式建筑遗迹，特别是在第四文化层底部，分布面积最大，数量最多，远远望去，密密麻麻，蔚为壮观。

第四文化层至少有6幢建筑，其中有幢建筑长23米以上，进深6.4米，檐下还有1.3米宽的走廊。这种长屋里面分隔成若干小房间，供一个大家庭住宿。遗存的构件主要有木桩、地板、柱、梁、枋等，有些构件上带有榫头和卯口，约有几百件，可见，当时建房时垂直相交的接点较多地采用了榫卯技术。

河姆渡遗址的建筑是以大小木桩为基础，其上架设大小梁，铺上地板，做成高于地面的基座，然后立柱架梁、构建人字坡屋顶，完成屋架部分的建筑，最后用苇席或树皮做成围护设施。

其中立柱的方法也可能从地面开始，通过与桩木绑扎的办法树立。这种底下架空、带长廊的长屋建筑即为干栏式建筑，它适应南方地区潮湿多雨的气候环境，因此被后世所继承。

建造庞大的干栏式建筑远比同时期黄河流域居民

榫卯 在两个木构件上所采用的一种凹凸结合连接方式。凸出部分叫榫，或榫头；凹进部分叫卯，或榫眼、榫槽。这是我国古代建筑、家具及其他木制器械的主要结构方式。若榫卯使用得当，两块木结构之间就能严密扣合，达到"天衣无缝"的程度。它是古代木匠必须具备的基本技能。

■河姆渡人生活场景

的半地穴式建筑要复杂，数量巨大的木材需要有专人策划、计算后进行分类加工，建筑时需要有人现场指挥，否则七高八低，弯弯曲曲的房子是不牢固的。这种建筑技术说明河姆渡人已具有现代人一样较高的智商。

干栏式建筑技术还被河姆渡人运用到生活的其他方面。在河姆渡遗址第二层发现一眼木构浅水井遗迹。水井位于一处浅圆坑内，井口方形，边长约2米，井深约1.35米。井内紧靠四壁栽立几十根排桩，内侧用一个榫卯套接而成的水平方框支顶，以防倾倒。排桩上端平放长圆木，构成井口的框架。

水井外围是一圈直径约6米，呈圆形分布的28根栅栏桩，另在井内发现有平面略呈辐射状的小长圆木和苇席残片等，可见井上可能盖有井亭。

干栏式建筑具有通风、防潮、防兽等优点，对于气候炎热、潮湿多雨的我国西南部亚热带地区非常适用。事实上，河姆渡人的这种干栏式建筑，与其所处的自然地理环境密切相关。

河姆渡遗址艺术石雕

在气候方面，7000年前河姆渡的气候比现在温暖湿热，平均气温比现在高3摄氏度至4摄氏度，年降水量比现在多500毫米左右。

■河姆渡陶釜支座

在地理方面，河姆渡南面的四明山，北面姚江平原中部的慈南山地和东面南北走向的乌石山、羊角尖山、云山等低山丘陵三组山系构成硕大的"工"字形，这种地貌犹如今天围海造田工程上抛筑的丁坝和顺坝，具有很大的促淤成陆功能。

生存经验

择地而居

距今1万年前开始的全新世初大规模海侵时，四明山北麓成为一片浅海，从长江口顺潮而下的泥沙搬运到这里后，受"工"字形地貌的阻挡而沉积下来，使河姆渡一带的淤积快于其两翼，当海退开始后，河姆渡一带自然最先出露成陆。

当河姆渡成陆时，"工"字形地貌两翼尚处于浅海之中，海水涨落有规律地推动湖水升、降，为河姆渡人的稻田创造了自灌条件，使河姆渡人以最少的投入获得最多的稻谷。因此河姆渡人可以腾出更多时间、更多劳力去建造庞大的干栏式建筑，有时间去发展纺织、漆木器生产。

河姆渡处于湖泊沼泽、平原、草地、丘陵、山冈多种地貌的复杂环境，所以这里的动植物资源特别丰富，非常有利于河姆渡先民的生产、生活。

河姆渡遗址出土的纺织工具数量之多、种类之丰富，为新石器时代遗址考古所罕见。数量最多的是纺轮，有300多件，质地以陶为主，还有石质和木质的，形状以扁圆形最常见，另有少量剖面呈梯形。织造工具有经轴、分经木、绕纱棒、齿状器、机刀、梭形器等。缝纫用的是骨针，有90多件，最小的骨针长仅9厘米，直径约0.2厘米，针孔约0.1厘米。

河姆渡遗址出土木桨8支，系用原木制作，形似后世的木桨，只是形体略小一些。

河姆渡遗址发现的漆器有20多件，早期单纯用天然漆漆于木器表面，稍后在天然漆中掺和了红色矿物质，使器物色彩更加鲜亮，第三文化层中出土的木胎漆碗是其中的代表作品。

河姆渡遗址出土的陶器主要是夹炭黑陶和夹砂红陶、红灰陶。除素面陶外，盛行在釜类腹底交错拍印绳纹，陶器的宽边口沿上常刻画平行条纹、波浪、圆圈、叶形、谷穗状等几何图样，偶见白地深褐色纹的彩陶。以平底器和圜底器为大宗。代表性器物有釜、罐、带把钵、宽沿浅盘、垂囊式、支脚等。与支脚配合使用的陶釜，始终是河姆渡文化的主要炊器。

在河姆渡第四层的居住区，发现以陶釜、陶罐为葬具的婴儿瓮棺葬2座。第一层至第3层有20多座墓，均不见墓坑和葬具，仅有1座以木板垫底。成人和婴儿多为单人葬。有3座是两人合葬墓，其中1座是两个儿童。第二层和三层内的墓流行单人侧身屈肢葬，个别的是俯身葬，头向东或东北，大多数无随葬品。第一层内的墓流行单人仰身直肢葬，也有个别仰身屈肢葬，头向不一，以西北的居多，普遍有随葬品但并不丰富，最多的两座墓各有6件，一般放置釜、豆，少

■河姆渡稻穗纹陶钵

见生产工具。

　　河姆渡遗址发现的原始艺术品
可分为独立存在的纯艺术品和施刻
于器表之上集实用和观赏于一体的
装饰艺术品两大类，而以后一类数
量居多，充分表现了河姆渡人的审
美兴趣和文明程度。

　　艺术品中最为人称道的是"双
鸟朝阳"纹象牙雕刻件，该器长16
厘米、宽5.9厘米、厚约1厘米，形

■河姆渡文化陶埙

似鸟窝。器物正中阴刻5个同心圆，外圆上部刻火焰纹，两侧各有一只
圆目利喙的鸷鸟相对而视。画面布局严谨，线条虚实结合，图画寓意
深刻，有人说它象征太阳，另有人认为是鸟在孵蛋，象征对生命、生
殖的崇拜。

　　总之，良好的自然环境是河姆渡文化繁荣的关键因素，而河姆渡
人对自然万物的认识和利用则是其决定因素。

阅读链接

　　1973年11月至1974年1月，浙江省文物管理委员会和省博
物馆的考古专家们，为配合农田水利建设工程需要，对河姆渡
遗址进行了第一期考古发掘，取得了突破性的发现。1977年10月，
考古学家们又对该遗址进行了第二期考古发掘，两次共揭开遗
址面积2630平方米，出土了大量文物，其中有不少是历来罕见
的珍品，丰富了河姆渡文化的内涵。

　　河姆渡文化的发现，史学界称为是新中国成立以来新石器
时代考古的一项重大成果，使长江下游地区史前考古学跨上了
新台阶。

炎帝陵的优美地理环境

　　炎帝与黄帝建立联盟后，炎帝除了分管农业发展外，他继续游历各地，遍尝百草，为民治病除疾。有一天，炎帝来到湘赣交界处，遇上了70多种毒草，结果因为误尝断肠草，献出了宝贵的生命。由于炎帝完成了我国古代农业社会结构，开启农耕文明的先河，故被后世称为"神农氏"。

■炎帝陵大殿

炎帝去世后，人们将其用棺木装殓，驾船北上，准备送到炎帝故土安葬。但船行到洣水畔的鹿原陂时，船突然倾翻，不能再行了。

据传说，这里原是天庭太上老君养神鹿的地方。后来由于天庭的需要，太上老君把养鹿场迁出了天庭。太上老君看到人间美好，特别是这里的人们勤劳、善良，就打算造福人间，于是把一批神鹿留在了此地，从此这里就叫"鹿原陂"了。这里森林茂密，绿草如茵，百花四季常开，神鹿成群，迷雾重重，犹如人间仙境。

■炎帝陵圣火台

炎帝尝百草路过此地时，发现此地奇花异草很多，就经常在此地采药、炼药、配药、验药，并给这里的人看病、治病。传说他很多药方都是太上老君赏赐的，因为炎帝在鹿原陂所作所为感动了太上老君。

炎帝也很留恋这个地方，当他的棺木行到此处时，他就不愿走了。人们见此地山环水绕、气象不凡，更因为当地人们的挽留，就在此地下葬了炎帝，并修建了炎帝陵。

炎帝陵坐落于株洲的鹿原陂，当时只是一个简单的陵墓。在洣水河的一湾名叫斜濑水的地方，向东如黛的水墨青山间，纵深绵延一个盆地。

在狭长盆地之中，突兀隆起了一个方圆大约1000

太上老君 姓李，名耳，字聃，也叫老聃、老子或老子道君，是先秦最著名的思想家之一，老庄学派的开创人，道教最高神明之一，同时也是我国古代被最多香火奉祀的神明。

■炎帝陵的咏丰台

平方米的"翠微高原"，坡上坡下，浑然相连一体的两栋重檐翘角的高大楼宇，金碧辉煌，气势恢宏，这里便是炎帝陵。在坡下，便是后来经过修缮的炎帝陵殿。

斜濑水边，圣陵西侧，一方摩崖石刻"鹿原陂"3个字，这是清道光年间炎陵知县沈道宽手书，笔力千钧，思接千载，传递着深深的"寻根谒祖"的民族感情。

站在鹿原陂，眺望远处，云秋山拱峙于西南，远山含黛，如品丹青；黄杨山两山相对，犹如两座列旌卫士，守卫皇陵；杨钱洲上芳草青青，野花丛丛，宛如锦毯。近看足下，斜濑水纤萦于坡前，波逐浪卷，粼粼生辉，胜似一条玉带，简直是一块上佳的山水相依的宝地。

炎帝陵葬在炎陵山，周边四面群山环抱，斜濑河水潺潺盘流，盆地稻花芳香，周边有许多的名胜风景。其中，最著名的有"禽鹿和音""味草凝芳""异树飘香""芳洲春锦""石龙鼓鬣""龙潭鱼跃""晓阁烟岚""云秋雨霁"八景。此外，还有其他名胜古迹。如圣陵东北向的崖阴山，相传炎帝诞生于此，山上建有"炎帝祠"。

炎帝陵东南向数十里处有座霭仙山，山上建有"帝母祠"和"二仙庵"。圣陵西南数十里处有座桥头岭，山形险峻，四壁崭绝，鸟道羊肠。山上建有"望云庵""栖云亭"。

变质岩 是指受到地球内部力量如温度、压力、应力的变化、化学成分等因素的改造，发生物质成分的迁移和重结晶，形成新的矿物组合。变质岩属于重结晶的岩石，不含有生物化石，成分纯正，结构稳定。炎帝陵就是建在这样的岩石上。

炎帝陵南向数十里处有座云秋山。山上林木苍翠，鸟语花香。山上建有"三仙女祠"，此外还有一天然石室，可容纳数百人。独有的山脉，特含的精气，构成了一幅自然环境条件和人文地理学理念的风景。

在地质构造方面，炎帝陵区以变质岩为主，主要是砂质板岩和浅变质岩石英砂岩。岩石性硬，风化壳较厚，跨度性适中，有利于农作物的保水保肥和各类植物的生长。

在气候条件方面，炎帝陵区属中亚热带季风湿润气候区，严寒期短，春早回暖快，春夏多雨，夏末秋后多旱，夏凉秋寒早，四季分明，具有独特的山区立体气候。年平均气温在12.1摄氏度至17.3摄氏度之间，极端最低气温零下9.3摄氏度，最高气温为39.1摄氏度，温差较大。平均无霜期为288天。全年日照总时数平均为1500.4小时。

石刻 泛指镌刻有文字、图案的碑碣等石制品或摩崖石壁。在书法领域，也有把镌刻后，原来无意作为书法流传的称为"石刻"，一般不表书者姓名，三国六朝以前多为；而有意作为书法流传的称为"刻石"，隋唐以后多为，通常标刻书者姓名。我国古代石刻种类繁多，古代艺术家和匠师们广泛运用圆雕、浮雕、透雕、减地平雕、线刻等各种技法创造出众多风格各异、生动多姿的石刻艺术品。

■炎帝陵内的香炉

在水资源方面，炎帝陵区年均降水量为1761.5毫米，年最大降水量2027.2毫米，年最小降水量970.2毫米。月降水量以6月最多，平均为2184毫米；月降水最小平均56毫米。多年降水日平均183天，最多年份218天。

炎帝陵区土地肥沃，日照充足，雨量充沛，植物生长茂盛。陵区及周围常见的植物群落有：樟树群落、杉树群落、马尾松群落、紫荆群落、油茶群落、楠竹群落、红豆杉群落等；盛产茶油、香菇、竹笋干、桐油等林副产品；有观赏花木如杜鹃花、兰花、樱桃、海棠等；中草药植物有天门冬、杜仲、厚朴、淮山、肉桂等；野生动物有穿山甲、苏门羚、獐等。此外，这一带还是白鹭、白鹇等候鸟的栖息地。

炎帝陵得天独厚的自然环境和地理条件，为它增添不少神秘色彩。几千年来历朝历代都有不少人踏看这里，几乎都是赞不绝口。

神农氏墓碑

经考证：圣陵左边有霭仙山，右边有桥头岭，前边有扬钱洲和云秋山，后边有炎陵，简直是最佳安息的环境。

炎陵山圣陵旁边有一条环山河水，称之为斜濑河。该河发源于桂东县八面山主峰，依山盘旋数十千米，直达新庵双江口纳河漠水。

炎帝陵左向旁沿山脊下斜濑河旁边200米左右有一块面积达20平方米的青石，人们称之为"龙脑石"。

清代文人毛国翰《龙头石》诗曰：

> 吾闻太初帝，御天驾蜚龙。
>
> 帝去龙不飞，攀龙俱莫从。
>
> 蜿蜒灵溪侧，化作青青峰。
>
> 昂首积铁色，奋怒催枯松。
>
> 有时露一角，嘘气寒云浓。
>
> 翻愁风雨来，变化无踪迹。
>
> 不复媚幽姿，太息临飞淙。
>
> 阴森峭壁立，草木青蒙茸。
>
> 如闻元潭底，时时鸣鼓钟。

　　沿"龙脑石"下方200米的斜濑河水中，位于鹿原陂正对面有一块6米长的青石，称之为"龙爪石"。古人有诗赞此石曰："蟠攫势欲飞，出没如有灵。安知学变化，不更随风霆。"

　　炎帝陵公祭广场左向小山丘，称之为"龙爪

尚书　古代高官，吏、户、礼、兵、刑、工六部的主官称尚书。尚书令，始于秦，西汉沿置，本为少府的属官，掌文书及群臣章奏，东汉时政务归尚书，尚书令成为对君主负责总揽一切政令的首脑。魏晋以后，事实上即为宰相之任。

山"。炎帝陵被龙身紧紧缠绕怀抱，天然的"龙脑"和"龙爪"栩栩如生，"龙头"已伸入斜濑河之中，呈现出沿洣江、渌江、湘江、长江回归大海之势。明代尚书张治有诗赞曰：

衡岳南峰回碧嶂，湘流千里接通川。
冥冥宫阙翳山木，渐渐秋风吹野田。
无为八方顺帝则，粒食万古开民工。
剪萝下马读残碣，缥缈江汉昏寒烟。

我国依山傍水居住习俗的宗旨是坚持"以人为本"，审慎周密地考察了解自然环境，利用和改造自然，创造良好的宜居环境，达到人与自然的和谐发展，赢得最佳的天时地利与人和，达到"天人合一"的至善境界。炎帝陵无论从居住习俗还是依据地理环境的具体实际来看，无疑都是一处理想的帝陵吉壤。

阅读链接

相传炎帝去世时，很多人为他送葬，几十个运送遗体的人，坐10条木排，溯洣水而上。沿河户户点火，表示哀悼。当木排到了鹿原陂，人们正准备上岸改走旱路时，忽然天上乌云滚滚，河里跃出一条金龙向炎帝遗体点头哀吟。接着轰隆一声，江边的一块巨石开了坼，一个大浪将炎帝遗体卷进石头缝里去了。送葬的人各个吓得不知如何是好。

天上的玉皇听到这个消息后大怒，认为炎帝神农氏劳苦功高，不应该葬在水里，大骂金龙不知好歹，决定要处罚它。于是把金龙化为石头，龙脑变成龙脑石，龙爪变为龙爪石，龙身变为白鹿原，龙鳞变为原上的大树，永远护卫炎陵。

顺乎自然

在夏商周时期，随着我国古代居住经验进一步孕育和积累，大禹陵及二里头遗址发掘的夏宫室建筑，体现了人们对宅居适应环境的孜孜以求。商代都城的整体布局，体现了古人"天圆地方"的宇宙观。郑韩古城的布局，体现了当时东周列国都城的典型模式，这是同一时期保存最完整的古城，可见其对建筑的要求。

从这些考古发现来看，表明当时的人们善于总结前人顺应自然、利用环境的经验，自然环境的意识更加强烈了，同时也体现了我国古人非凡的智慧和高超的建筑技术。

殷商都城的独特布局

夏王朝最后一位帝王夏桀继位后，不思改革，骄奢自恣，导致国运衰落。但在这一时期，活动在黄河下游的商部落逐渐强盛起来。公元前1675年，商部落首领汤以"吊民伐罪"的名义灭掉夏桀，创立了我国历史上第二个奴隶制国家商王朝。

■殷墟博物馆正门

■ 殷墟建筑群复原模型

商汤灭夏前后，所居的地方均称为亳。起初亳地在今河南省浚县、内黄、濮阳一带，后迁至今郑州商城遗址，接近夏都斟鄩，称南亳。灭夏后，在斟鄩附近另建新都，具体位置在今郑州市区一带，称西亳。

郑州商城遗址坐落在郑州商代遗址中部，也就是郑州市区偏东部郑县旧城及北关一带。城墙始筑于商代中期的二里冈文化期，距今约有3600多年的历史。

商代都城有内外两重城垣，内城城垣呈长方形，外城城垣呈圆形围绕着内城。其“外圆内方”的城郭布局，体现了古人“天圆地方”的宇宙观。

商城遗址近似长方形，北城墙长约1.69千米，西墙长约1.87千米，南墙东墙长度均为1.7千米，周长近7千米。城墙底宽约20米，顶宽约5米，其高度复原后约10米。以全部城墙长、宽、高计算，郑州商城约用夯土量为87万立方米，夯前挖土量约174万立方米。

城墙周长6.96千米，有11个缺口，其中，有的可

二里冈文化 商代前期重要文化遗址，位于河南郑州市东南部，时代早于殷墟。包括上下文化层，陶器多是泥质灰陶和夹砂灰陶。下层的鬲、甗、斝多作卷沿、薄胎、高锥足，饰以细绳纹。以该遗址为代表的同类遗存史称二里冈文化。

礼器 我国古代贵族在举行祭祀、宴飨、征伐及丧葬等礼仪活动中使用的器物。用来表明使用者的身份、等级与权力。商周青铜礼器又泛称彝器。礼器是在原始社会晚期随着氏族贵族的出现而产生的，出土文物有龙山文化大墓中的彩绘龙盘及鼍鼓，良渚文化墓中的玉琮、玉璧等。

能是城门。城内东北部有宫殿区，宫殿基址多处，其中心有用石板砌筑的人工蓄水设施。城中还有小型房址和水井遗址。城外有居民区、墓地、铸铜遗址及制陶制骨作坊遗址等。此外，还有两处铜器窖藏，内有杜岭方鼎及圆鼎、提梁卣、牛首尊等，被认为是商王宣的礼器。遗址中还有原始瓷器和刻辞卜骨等。

殷商600多年的政权，当时已无大禹时期百年洪水的威胁，但零星的水旱灾害仍不时发生，加上越来越进步的农耕技术，殷人为了更好的居住环境，有多次迁都的记录：仲丁自亳迁于隞，河甲自隞迁相，祖乙居庇，南庚自庇迁奄，盘庚自奄迁殷。

盘庚迁殷是商代历史的一个巨大的转折点，从此商王朝结束了屡次迁都的动荡岁月，扭转了商王朝的颓势，走上中兴的道路，出现了"百姓由宁，殷道复兴"的大好局面。

从安阳小屯村的殷墟旧址，就可以清楚地看出商王朝建都、筑城的环境标准。

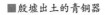
■ 殷墟出土的青铜器

殷墟是商代后期都城遗址，是我国历史上被证实的第一个都城，位于安阳市殷都区小屯村周围，横跨洹河两岸。商代从盘庚到帝辛，在此建都达273年，是我国历史上可以肯定确切位置的最早的都城。

殷墟宫殿遗址面积为70万平方米，发现宫殿54座，整体分为3组。最北的甲组基址，主要是居住区，靠南的乙组为宗庙区，丙组为祭祀区。符合我国古代社会宫殿建筑格局"前朝后寝，左祖右社"。

■ 殷墟出土的巨鼎

殷墟宫殿宗庙遗址，是殷人在相宅基础之上进行"卜宅"所选的宝地。根据历史学家考证，周王朝初期的占卜，大多还沿用着殷商传下的龟占法，主要是以"龟甲"与"兽骨"为主；但到了成康以后，由于取材的方便，才渐渐转为以筮草为主筮占。不论龟占、筮占，都代表在当时的社会，民众确实把占卜作为解决生活危机的一种方法。

俯瞰整个殷墟宫殿，就像一幅太极阴阳图。商代人把宫殿宗庙建在了阳极这一块，阳面乃活力之面，表明殷代先民"卜宅"有3点符合我国传统的居住文化理论：

第一，洹水流经殷墟的入口与出口，其方向自西北蜿蜒流向东南，这就是"水口吉方"。洹河的北段流向与我国西北高、东南低的地理环境相一致。因河

祖乙 商朝国王。河亶甲病死后继位，即位后迁都于邢，商朝的社会经济得到了恢复和发展，商朝又兴盛起来。祖乙在位时，曾四次迁都，公元前1525年，祖乙将国都由相迁都于耿；次年，由于河患，再次迁都于邢。最后一次迁到庇。甲骨文中称他为中宗祖乙，和太乙、太甲合称为"三示"。

■殷墟宫殿宗庙遗址

水是冬暖夏凉，冬季刮西北风多，夏季刮东南风多，这样可利用大自然的风吹动河水之气来调节殷王都城的小气候。

第二，河水流经宫殿区呈现"河曲环抱"状，按照《易经》的说法河曲乃生财之地，人们认为此地可"聚气留财"。宫殿横跨洹河两岸，原来三面环水，商人在另外一侧掘出一条大的灰沟，这样就是四面被水环抱，使这个位置成为一块吉祥宝地，可以阻滞外敌的侵略。

第三，殷人所选的"殷墟宫殿区"与今天安阳市的城市选址的地下水文资料相符合。经钻探，安阳市的地下水蕴藏呈现宝葫芦形状，十分有趣的是当年的"殷王宫"正好位居"宝葫芦"的中央，为"强富水区"，按照阴阳学的说法，水从西南来，出东北此乃吉地。即使在今天，这里也是人们科学选择城市居住环境的理想之地。

在殷墟，先后发现了110多座的商代宫殿宗庙建筑基址、12座王陵大墓、洹北商城遗址、2500多座祭祀坑和众多的族邑聚落遗址、家族墓地群、手工业作坊遗址、甲骨窖穴等。出土的数量惊人的甲骨文、青铜器、玉器、陶器、骨器等精美文物，系统地展现出3300年前商代都城的风貌，为这一重要的历史阶段提供了坚实证据。

殷墟宫殿宗庙区位于洹河南岸小屯村、花园庄一带，南北长1000米，东西宽650米，是殷墟最重要的遗址和组成部分。

殷墟王陵遗址与宫殿宗庙遗址隔河相对，是商王的陵地和祭祀场所，也是我国已知最早的完整的王陵墓葬群。王陵大墓多为"亚""中""甲"字形大墓，这些大墓墓室宏大，形制壮阔。面积最大者达1803平方米，深达15米。墓内椁室、棺木极尽奢华，随葬器物精美，殉人众多，显示出墓主人非凡的尊贵和威严。

殷墟王陵的埋葬制度、分布格局、随葬方式、祭祀礼仪等，集中反映了商代晚期的社会组织、阶级状况、等级制度、亲属关系，代表了我国古代早期王陵建设的最高水平，并为以后我国历代王朝所效仿，逐渐形成我国独具特色的陵寝制度。

洹北商城平面略呈方形，南北长2.2千米，东西宽2.15千米。方向北偏东13度。城址的南北中轴线南段，确认分布有宫殿宗庙建筑群。

这些宫殿宗庙建筑，以黄土、木料作为主要建筑材料，其建筑多坐落于厚实高大的夯土台基上，房基置柱础，房架多用木柱支撑，墙用夯土版筑，屋顶覆以茅草，造型庄重肃穆、质朴典雅，具有浓郁的我国宫殿建筑特色，代表了我国古代早期宫殿建筑的先进水平。

阅读链接

太甲在四朝元老伊尹的辅政和督促下，前两年的政绩很好，但是从第三年起，他就开始不遵守商汤的法制了，变得暴虐乱德，一味贪图享乐。伊尹百般规劝无效，便只好由自己摄政，将太甲送去商汤墓地附近的桐宫，即今河南省偃师县西南居住，让他自己反省，史称"伊尹放太甲"。

太甲在桐宫3年，悔过自责，伊尹又将他迎回亳都，还政于他。重新当政的太甲勤俭爱民、诸侯亲附，百姓安居乐业，社会得以安定，太甲被称为守成之主"太宗"。后世政治家更推其为商王朝的"盛君"。

郑韩古城都城建筑模式

■春秋时期城墙遗址

郑韩古城是春秋战国时期郑国与韩国的国都遗址，位于河南省新郑市区周围。过去当地人叫它"黄帝城"，传说是黄帝将半穴居形态改建为地面居住形态的建筑。

公元前765年，郑武公就将都城迁往溱洧，即现在河南郑州隶属的新郑一带。当时郑武公请高人选择地理环境，高人说黄帝城这个地方有帝王之气，于是郑国就在黄帝城的遗址上又修了郑国城。此后郑国一直以该地为都，为了区别在

■ 古代排水道口

陕西的旧郑国，郑武公给该地取名为新郑。

公元前375年，韩国的韩哀侯灭郑，将韩国国都从阳翟即今河南禹州迁到新郑，并在此大挖大烧郑主墓，使得自然环境遭到了破坏。直到公元前230年秦始皇灭韩，两国在此立都达539年之久，因此得"郑韩古城"之名。

新郑属于平原和山区的过渡地段，山势起伏变化，非常优美，地理优越，这也是郑韩两国在此建都的原因所在。

郑韩古城是依据双泊河和黄水河两岸附近的地势建成的，它的平面极不规整，周长约38千米。中部有一道南北向的隔墙，群众称之为"分余岭"，《新郑县志》称作"分国岭"或"分国城"。

这道隔墙也就是一条分界线，将故城分为西城和东城。西城也称"主城"或"内城"，城内分布有韩国宫

郑武公（？～前744），名掘突，郑桓公的儿子。周幽王被杀后，与秦、晋、卫三国联军击退犬戎，受封卿士，留于洛阳执政。不久护送周平王迁都雒邑，受赏大片土地。后以离间计灭亡邻国，趁周天子巡视虢国防务时灭亡虢国，使郑国逐渐强盛，为后来郑庄公称霸奠定了基础。

城和宫殿区、缫丝作坊遗址。东城也称"外城"或"外郭城"，城内分布有郑国宫庙遗址、祭祀遗址、铸铜遗址和韩国铸铁、制骨、制玉、制陶等多处遗址。

除西城的南墙和西墙外，其余部分大都可以找到城墙或墙基痕迹。所有城墙全是用黄土或红黏土分层夯筑而成，保留在地面的城墙，一般残高15米左右，最高处有达18米的，城墙底宽约40米至60米。城墙下部，有的地方还保留着春秋时期的夯土墙基，夯层厚约0.1米，每层夯面都布满密集的圆口径底夯窝。

春秋城墙上部，为战国时期的夯土城墙，夯层厚度一般为0.1米左右，但也有厚达0.12米至0.19米的。从每层夯面观察，当时使用的是圆形平底夯，夯窝口径0.05米至0.06米，城墙一般都夯筑得比较坚固。

在郑韩故城西城中部，今花园村西一带，还有一座规模较小的城址，略呈长方形，东西长约500米，南北宽约320米，城墙墙基宽约10米至13米，全部掩埋在地面以下，深约0.3米至1米，也是分层夯筑而成的。这个城址是古郑国和韩国的宫城。在城中部还有大面积夯土建筑基址，应该是宫殿或与宫殿有关的建筑遗存。

在西城内西北部，今阁老坟村西，还有一个高出地面约8米的夯土

■古代陶井文物

台基,《新郑县志》称为梳洗台,群众称它为梳妆台。

台基底部南北长约135米,东西残宽约80余米,台上发现3眼水井和埋入地下的陶排水管道。

在阁老坟村北,还有一处地下建筑遗存,人们一般都把它称为"地下室"。它是从地面向下挖成的一座口部略大于底部的长方形建筑,口部南北长约8.9米,东西宽约2.9米,四壁全是用土夯筑起来的,它的东南角挖筑一条宽约0.56米至1.15米的台阶式走道,这是出入地下室的唯一通道。

室内底部偏东侧,还有一处南北成行的五眼井,这五眼井全是用陶制井圈逐层叠筑而成的,井圈直径一般为0.76米至0.98米,井的间距为0.3米至0.65米,井的深度为1.76米至2.46米,均在地下水位以上。

在地下室和五眼井的填土中,包含有大量的猪、牛、羊、鸡等动物的骨骼,约占其所含遗物总数1/3左右。据此人们推断,这座地下建筑是为了满足贵族阶层的需要而建造的一所储藏食品的大型窖穴。

根据地层关系和出土遗物来看,"梳妆台"的建造使用时间,经历了春秋、战国两个历史阶段,地下室是战国时期的建筑遗存。

■ 郑韩古城中的马匹遗骸

韩国 西周至春秋初期诸侯国,国君为姬姓。公元前11世纪,周天子分封诸侯国。韩国的开国君主是周成王的弟弟,疆域在山西河津东北,一说是陕西省韩城。公元前375年,韩哀侯灭郑,迁都新郑。公元前230年被秦国所灭,秦在原韩国所在地设置颍川郡。颍川在历史上一直是大郡。

■春秋时代的青铜戈

适地的居住

在郑韩故城东城内，还有好几处手工业作坊遗址。主要有小吴楼村北的春秋战国时期铸铜器作坊遗址，张龙庄村南的春秋战国时期制骨器作坊遗址，仓城村北的战国时期铸铁器作坊遗址等。

此外，白庙范村北还有一个战国兵器坑，里面有戈、爪、剑等铜兵器180多件，其中不少都带铭文，这些文物为研究我国古代的制陶、制玉作坊提供了重要的历史线索。

另外，在郑韩故城内外，还有几处春秋战国时期的墓地，这些古老的历史遗迹，为研究我国春秋战国时期郑国和韩国的历史文化提供了重要的实物资料。

郑韩古城的布局体现了当时东周列国都城的典型模式，交通便利，商业发达，是当时天下名都，也是目前世界上同一时期保存最完整、城墙最高、面积最大的古城，体现了我国古人非凡的智慧和高超的建筑技术。

阅读链接

郑韩古城遗址发现于1923年，当时最先发现的是新郑李家楼郑伯墓。新中国成立后，开始了长期不断的考古勘探与发掘。

首先，考古学者发现了郑城的地理位置，以及郑韩两国的官殿基址。在1984年至1988年间，考古学者又在东城，今新郑市政府以北，发现了春秋时期密集的大型建筑群。1993年，又在东城中部偏南侧的金城路发现郑国多座礼乐器坑和殉马坑。1996年至1998年，又在郑韩古城东城郑国祭祀遗址东南部的一些春秋坑井中，发现了手工业作坊遗址。

自从秦代建立统一的封建王朝后，大规模的宫室营建为居住文化的形成奠定了物质前提。与此同时，在居住习俗方面，形成了我国独有的对宇宙总体框架认识的理论体系，并有相关文献保留下来。

秦汉时期的居住文化，主要体现在阳宅和阴宅的择选上，如秦代阳宅阿房宫和阴宅始皇冢，汉代阳陵等。

到了魏晋时期，开始重视审查山势，讲究宫宅墓穴的方位、排列布局等，使得居住习俗逐渐形成了一整套理论，极大地推动了居住文化的发展。

形成理论 寄情山水

秦代大规模的宫室营建

秦汉是居住文化形成的时期。秦始皇统一天下后，营建了巨大的土木工程，有阴宅秦始皇陵，又有阳宅阿房宫。秦代大规模的阴阳宅营建工程，为居住文化的形成造就了物质前提。

公元前247年，秦始皇开始给自己修陵墓。到公元前208年秦末农

■骊山上的秦始皇帝陵

■秦陵兵马俑坑

民起义，秦王朝危在旦夕时，才由他的儿子秦二世胡亥草草完工，前后修了39年。

古人把墓地的选择看作是一件造福于子孙后代的大事，尤其像秦始皇这个企图"传之于万世"的封建帝王，自然对墓地的位置更加重视。他之所以要安葬在骊山之阿，据北魏地理学家郦道元在《水经注》中的解释：

秦始皇大兴厚葬，营建冢圹于骊戎之山，一名蓝田，其阴多金，其阳多美玉，始皇贪其美名，因而葬焉。

郦道元的观点受到学术界多数学者的肯定。从骊山到华山好像一条龙，秦始皇陵正好位于龙头眼睛的位置。从迷信的角度来看，秦始皇陵沾了自然龙脉的光，自然不失为一块理想的天然宝地。

《水经注》 北魏地理学家郦道元所著，全书共有30多万字，详细地介绍了我国境内1000多条河流以及与这些河流相关的郡县、物产、历史等，还记录了不少碑刻墨迹和渔歌民谣，是我国古代较完整的以记载河道水系为主的综合性地理著作。

■秦陵墓道

骊山 又称"郦山"。是秦岭北侧的一个支脉，远望山势如同一匹骏马，故得名。骊山温泉喷涌，风景秀丽多姿，自3000多年前的西周就成为帝王游乐宝地。周、秦、汉、唐以来，这里曾营建过许多离宫别墅，吸引着各地游人。这里有被称为"关中八景"之一的"骊山晚照"，烽火戏诸侯的"烽火台"，纪念女娲补天的老母殿等。

秦始皇选择骊山之阿建陵是有其原因的。当初他在东巡路过丹阳境界时，随从史官便占卜称：云阳有"王气"。因而，秦始皇很是害怕丹阳会出皇帝来争夺他的江山，所以就立即下旨来破掉丹阳的"王气"。一是将带有"王气"的"云阳"县名改为"曲阿"；二是将"会稽驰道"经过丹阳的地段"截直道使曲"，也就是故意把直道修成弯道，其目的也是为了破丹阳的"王气"。

秦始皇陵南依层峦叠嶂、山林葱郁的骊山，北临逶迤曲转、似银蛇横卧的渭水。高大的封冢在巍巍峰峦环抱之中与骊山浑然一体，景色优美，环境独秀。陵墓规模宏大，气势雄伟。

陵园按照秦始皇去世后照样享受荣华富贵的原则，仿照秦国都城咸阳的布局建造，大体呈"回"字形。陵区内探明的大型地面建筑为寝殿、便殿、园寺吏舍等遗址。据史载，秦始皇陵陵区分为陵园区和从葬区两部分。陵园建外、内城两重，封土呈四方锥形。

秦始皇陵的封土形成了3级阶梯，状如覆斗，底部近似方形，底面积约25万平方米，高115米，但由于风雨侵蚀和人为破坏，遗存封土底面积约为12万平方米，高度为87米。

秦始皇陵地下宫殿是陵墓建筑的核心部分，位于封土堆之下。据《史记》记载：

> 穿三泉，下铜而致椁，宫观百官，奇器异怪徙藏满之。以水银为百川江河大海，机相灌输。上具天文，下具地理，以人鱼膏为烛，度不灭者久之。

■ 秦陵出土青铜鹤

考古发现地宫面积约18万平方米，中心点的深度约30米。陵园以封土堆为中心，四周陪葬分布众多，内涵丰富、规模空前，除闻名遐迩的兵马俑陪葬坑、铜车马坑之外，还发现了大型石质铠甲坑、百戏俑坑、文官俑坑以及陪葬墓等600余处。

秦始皇陵共发现10座城门，南北城门与内垣南门在同一中轴线上。坟丘的北边是陵园的中心部分，东西北三面有墓道通向墓室，东西两侧还并列着4座建筑遗存，有专家认为是寝殿建筑的一

部分。秦始皇陵集中体现了"事死如事生"的礼制，规模宏大，气势雄伟。

陵墓地官中心是安放秦始皇棺椁的地方，陵墓四周有陪葬坑和墓葬400多个。主要陪葬坑有铜车马坑、珍禽异兽坑、马厩坑以及兵马俑坑等。发掘出土的一组两乘大型的彩绘铜车马高车和安车，是我国发现的体形最大、装饰最华丽，结构和系驾最逼真、最完整的古代铜车马，被誉为"青铜之冠"。

兵马俑坑是秦始皇陵陪葬坑，位于陵园东侧1.5千米处。坑内陶塑艺术作品是仿制的秦宿卫军。近万个或手执弓、箭、弩，或手持青铜戈、矛、戟，或负弩前驱，或御车策马的陶质卫士，分别组成了步、弩、车、骑4个兵种。在地下坑道中所有卫士都是面向东方放置的。

秦代"依山环水"的造陵观念对后代建陵产生了深远的影响。西汉帝陵如汉高祖长陵、汉文帝霸陵、汉景帝阳陵、汉武帝茂陵等，就是仿效秦始皇陵"依山环水"思想选择的。以后历代陵墓基本上继承

■秦陵兵马俑

■阿房宫城门

了这一建陵思想。

秦始皇统一六国后，将天下12万户富豪迁到秦国古都咸阳，设置成帝都，对都城规模，秦始皇一再扩大，并请来无数的巫师，寻找咸阳附近的宝地，建造"东西五里，南北千丈"、可容坐万人，一直到秦王朝灭亡也未建完的阿房宫。

从传统居住文化来看，咸阳城是一个不可多得的理想居住之地。它以九嵕山为祖脉，以渭河平原为明堂，以渭水为朱雀，关住了九嵕山的灵气而聚成了正穴。这样，咸阳介于九嵕山以南，渭河以北，山水相互映照。

同时，由于九嵕山主脉的高大特异，再加上秦始皇坐天下于此地，于是秦始皇仿效紫微宫，建造宫室145种，著名的有信宫、甘泉宫、兴乐宫等宫殿。咸阳宫可谓殿宇林立、楼阁相属、曲廊幽径、花香景深。

公元前212年，秦始皇下令征发刑徒70余万人伐运四川、湖北等地的木材，开凿北山的石料，在故周都城丰、镐之间渭河以南的皇家园林上林苑中，仿集天下的建筑之精英灵秀，营造一座新朝宫。这座朝宫便是后来被称为阿房宫的著名宫殿。

由于阿房宫工程浩大，秦始皇在位时只建了一座前殿。《史记·秦始皇本纪》中记载说：

前殿阿房东西五百步，南北五十丈，上可以坐万人，下可以建五丈旗，周驰为阁道，自殿下直抵南山，表南山之巅以为阙，为复道，自阿房渡渭，属之咸阳。

秦始皇去世后，秦二世胡亥继续修建阿房宫。其规模如唐代诗人杜牧在《阿房宫赋》所说"覆压三百余里"，可见，阿房宫在当时的确是非常宏大的建筑群。

秦始皇还把渭水引入都城咸阳内，象征天河，以皇宫标示北极星，告知世人咸阳是帝都，宫殿是天子的住所不可动摇，把整个都城建成一个宇宙图式。

阅读链接

秦始皇不惜耗费巨大的人力物力财力修建了极度奢华的阿房宫。数十年后，楚霸王项羽入关推翻秦王朝，并一把火烧掉阿房宫，大火烧了整整3个月，方圆百里尽成灰烬。

有人认为，在历史之中阿房宫并没有建成，更没有被烧毁过。项羽火烧过的是秦都咸阳宫和其他秦朝宫室，而不是地处渭河以南的上林苑中的阿房宫，是后人误把它说成是阿房宫。即使是阿房宫在历史上未曾建成，但那个前所未有的美丽与奢华的设计梦想，让它获得了"天下第一宫"的盛名。事实上，阿房宫作为一个历史概念，早已深入人心。

汉代具有特色的汉阳陵

公元前157年，汉文帝刘恒驾崩，其子刘启即皇帝位，为汉景帝。汉景帝在位共16年，他在执政期间平定七国之乱，勤俭治国，发展生产，是位贤明的皇帝。汉景帝去世后葬于阳陵，史称汉阳陵。

■汉阳陵外景

适地的居住

■ 西汉汉阳陵陶仓

封土 我国古人认为人的灵魂是不灭的，因此常常在祖先的墓前祷告。为了方便辨认出祖先墓穴的位置，古人就在墓穴的上面垒上一个高出地面的土堆作为坟墓所在的标志。帝王陵墓上的土堆就叫作封土。

汉阳陵地跨咸阳、泾阳、高陵3个县区。这一片称为"咸阳原"黄土坡，因为位于泾水渭河的交汇处，而成为一块天然的宝地，汉代的大多数皇帝大都建陵于此地。

站在汉阳陵旁极目远眺，泾河蜿蜒于北，渭水奔腾于南，两河在陵前东面不远处交汇，形成了挟双龙而东向的气势和"泾渭分明"的独特景观，是平原龙穴。汉阳陵堪称汉代陵寝文化的代表。

汉阳陵始建于公元前153年，一直到公元前126年竣工，修建时间长达28年，陵园占地面积2000万平方米。陵园东西长近6千米，南北宽1千米至3千米，由帝陵、后陵，南、北区从葬坑，刑徒墓地，陵庙等礼制建筑，陪葬墓园及阳陵邑等部分组成。

其中，帝陵坐西面东，居于陵园的中部偏西；后陵、南区从葬坑、北区从葬坑等都分布在帝陵的四角；嫔妃陪葬墓区和罗经石遗址位于帝陵南北两侧，左右对称。

刑徒墓地及3处建筑遗址在帝陵西侧，南北一字排列；陪葬墓园棋盘状分布于帝陵东侧的司马道两侧；阳陵邑则设置在陵园的东端。

整个陵园为正方形，以帝陵为中心，四角拱卫，南北对称，东西相连，四边中央各有一门，都距帝陵封土110米。布局规整，结构严谨，极具威严神圣的皇家规格。

帝陵的封土高约31米，陵底边长160米，顶部东西54米，南北55米。在汉景帝阳陵帝陵封土南面现存有5通石碑。

其中有后来明代皇帝派遣大臣祭祀汉景帝后所立的两通御制祝文碑。1776年，清代时陕西巡抚毕沅所立的一通汉阳陵正名碑，剩下的两通是保护标志碑。

明代时的两通祝文碑为嘉靖祝文碑和天启祝文碑，分别立于1522年和1621年。

嘉靖祝文碑是青石制作的，圆形的顶端，方形的底座，通高132.5厘米，碑首宽66.5厘米，碑身宽64厘米，厚23厘米。

巡抚 官名。又称抚台。明清时地方军政大员之一。巡视各地的军政、民政大臣。清代巡抚主管一省军政、民政。以"巡行天下，抚军按民"而名。明清以前的北周与唐初均有派官至各地巡抚之事，系临时差遣，但"巡抚"亦未成为官名。

■ 汉阳陵文物陶俑

嘉靖祝文碑的碑首篆刻了"御制祝文"4个字，呈正方形排列。字的周围刻有双龙捧日的图样及云纹，碑面四边用祥云纹饰装饰着。碑文是用楷体阴刻上去的，碑文写道：

　　维嘉靖元年岁次壬午五月丙午朔初八癸丑，皇帝遣隆平侯张玮致祭于汉景皇帝曰：惟帝克守先业，致治保民，兹于嗣统，景慕良深，谨用祭告。尚飨。

　　天启祝文碑也是用青石制的，圆形顶端，底座是椭圆形。天启祝文碑通高195厘米，宽75厘米，厚18.5厘米。碑首同样篆刻着"御制祝文"4字，字周围是云龙纹样，碑面的四边也是祥云纹饰。碑文写道：

　　维天启元年岁次辛酉七月丙申朔初七日，皇帝谨遣锦衣卫加正一品俸都指挥使侯昌国致祭于汉景皇帝曰：惟帝克守先业，致治保民，兹于嗣统，景慕良深，谨用祭告。尚飨。

■汉阳陵南阙门遗址

■汉阳陵出土的陶器陶俑

在帝陵的东南方，地形隆起，外貌呈缓坡状，平面近方形，边长约260米，外围有壕沟环绕。这一块遗址中心部分的最高处放置着一块方形巨石，叫作"罗经石"，按正南北方向放置。

罗经石是在修建汉阳陵时，用来标定水平、测量高度和标示方位的，是发现的最早的测量标石。这处遗址地势高亢，布局规整，规模宏大，是汉阳陵陵园中最重要的礼制性建筑之一。

门阙是我国古代宫殿、官府、祠庙、陵墓前由双阙组成的出入口。汉阳陵园南门阙是发掘的时代最早，等级最高，规模最大，保存最好的三出阙遗址，它的发掘对于门阙的起源、发展，门阙制度的形成、影响，以及我国古代建筑史的研究等有着重要作用。此外，南阙门遗址还出土了发现最早的砖质围棋盘、陶质脊兽和最大的板瓦等。

汉阳陵出土的汉俑十分精巧。它们只有真人的1/3大小，约0.6米高，赤身裸体且没有双臂。这些陶俑在刚刚完工时都身着各色美丽的服饰，木制的胳膊可以灵活转动，但经过千年的风霜之后，衣服与木胳膊都已腐朽，因此只剩下了裸露而残缺的身躯。

■ 汉阳陵模型图

汉阳陵兵马俑中有一部分是女子，大多面目清秀，身材匀称，但也有一些颧骨突起，面貌奇异，可能是当时的异族兵员。比起秦始皇兵马俑的肃穆与刚烈，汉阳陵的汉俑显得平和而从容，正反映了"文景之治"中安详的社会氛围。

汉阳陵磅礴大气，集历史陵寝文化与古代艺术于一体，还有数量众多的陪葬墓园，围沟完整，布局规整，排列有序，是一座经过精心设计和安排的帝王陵墓。

阅读链接

考古工作者对汉景帝刘启的汉阳陵的科研成果是举世瞩目的，它的钻探、发掘、研究成果为西汉帝陵的埋葬、陪葬制度的研究奠定了坚实的基础，为研究西汉社会的政治、经济、文化生活等提供了大量翔实的实物资料，在西汉诸陵的考古研究中起到了先导和借鉴的作用。

汉阳陵博物馆是一座建筑风格独特、装饰精美、陈列手段先进的现代化综合博物馆。在1600平方米的展室内陈列着近年来考古发掘出土的1800件文物精品，琳琅满目，美不胜收。它的对外开放向世人展示了整个"文景之治"的盛况。

选址造物

我国古代居住文化的实践与理论，是一个不断发展、丰富和完善的过程。尤其是隋、唐、宋、明、清的人们对宅地的通风、给排水、方位等要素采取了更加理性的观察和思考，并在实践中加以创造。

隋唐时期的都城建设，具有"攒天地于方寸"的城市规划理念，体现了古人丰富的宜居思想。而明代的明孝陵、清代的清东陵和清西陵，凭借独特的地理环境和高超的建筑艺术，造就了蜚声中外的建筑群，充分体现了我国古代居住文化中"天人合一"的传统理念。

体现陵寝文化的唐昭陵

在广袤千里的关中平原北部，有一道横亘东西的山脉，山峦起伏，冈峰横截，与关中平原南部的秦岭遥相对峙。这道山脉在礼泉突兀而起一座山峰，海拔高达1200米，其周围均匀分布的九道山梁把它

■李世民陵墓全景

高高拱举。因为古代把小的山梁称为崾，所以它便得名叫九嵕山。

有很多事，看起来偶然，其实是必然的。也许正是这个因缘，才使得九嵕山这块宝地为自己找到了真正的主人，这个人就是唐太宗李世民。而李世民在寻找这处宝地时，还出现了这样一个有趣的故事。

李世民带兵打仗和狩猎时，曾经多次经过九嵕山一带，常常赞美九嵕山的挺拔奇绝和美丽风光。他曾想到以后在九嵕山为自己建陵墓，但当时这只是个意愿。

626年，李世民称帝，建元贞观。按照以往惯例，唐太宗找来当时通晓天文地理的两位资深术士李淳风和袁天罡，让他们分头出行，为自己百年之后选择一个安身之处。

李淳风和袁天罡领旨之后，相约南北分路而行，并以3年为期，到时回京复命。二人分手后，一个向北，一个向南，四处遍访。

据说这一日，李淳风北行来到礼泉地界，发现一座山宛若擎天巨柱，一峰独秀，直插云天，看罢好不高兴。待登上这座高山，但见气象万千，浩浩渭河之水漂流眼前，滔滔泾河蜿蜒左右，八百里秦川尽收眼

■ 唐太宗李世民石刻像

李淳风（602年～670年），唐代岐州雍人，即现在的陕西省宝鸡市岐山县。唐代杰出的天文学家、数学家。李淳风和袁天罡著有《推背图》。李淳风是世界上第一个给风定级的人，他注解的《周髀算经》和《古算十经》是世界上最早的数学教材。

■陕西唐昭陵石牌坊

适地的居住

底，呈现一派"九五之尊"的王者霸气。

李淳风看到此景，连忙四处寻找"龙脉"。终于在山腰一道山梁的中间找准了一处穴位，并埋下一枚铜钱以作标识。接着，他又继续前行，直到复命之日再也没找到更能令他满意的地点。

袁天罡择南路而行，一路打寻无果，正当他懊恼之时，也来到了礼泉地界的九嵕山。放眼四顾，同样眼前一亮，就把一根银针插在了他认为满意的地方，然后一路欢喜地回京复命去了。

李淳风和袁天罡回到京城后，一块来到宫中复命。唐太宗听到二人都选在九嵕山，深感惊讶，就带着长孙无忌等一班人，随同李淳风和袁天罡一起前去查验。

他们来到九嵕山，到了选中的位置拨开覆土，不可思议的一幕出现了：袁天罡的银针正从李淳风埋设的铜钱孔眼中插入，唐太宗等一行人无不称奇。

这件神奇的事情马上轰动朝野。就这样，一代明君唐太宗的陵寝昭陵便定址在九嵕山，他的傲然超脱的情怀也得到了寄托。

唐代术士认为，帝王的陵墓自然环境最好符合以下条件：一是需建在地势高显处。因为这样，既可显示出帝王至高无上的地位，又可防水浸泡陵墓。二是陵墓背面要有山势，山势之后又须有水环绕。取意背靠大山，稳妥牢靠，山后有水取之不竭，而此水又可作为陵墓的一道天然屏障。三是陵墓前面和两侧要有较低的山势，为陵墓起烘托作用。再前面应是一马平川，显得豁亮开阔，寓意天下太平。四是陵墓最前面亦应有水经过，算是陵墓的前边界，与陵后之水遥相呼应。

当然，不可能每一处宝地都具备所有这些条件，但这些条件满足得越多越好。九嵕山恰恰满足了上述所有条件。所以，自唐以来，人们普遍认为昭陵的自然环境为我国历代帝陵之最佳者。

九嵕山地处渭北平原，山后有群山拱卫，也有滔滔的泾水；山前左右有众山罗列，再往前便是沃野千里的关中平原，而浩荡的渭水又东西横穿关中平原，还从古长安城下穿过，形成了"渭水贯都"的奇妙景观；山岚浮翠涌，奇石参差，百鸟在林间歌唱，苍鹰在峰顶翱翔，流泉飞瀑，众山环绕，衬托得九嵕主峰傲视群山。

■唐昭陵景区正门

由于九嵕山绝佳的地理位置和挺拔奇绝的美丽风光，唐太宗决定在九嵕山之上建立自己的陵墓，并将陵墓取名为昭陵。

唐代贞观年间的636年，唐太宗的皇后长孙氏病危，临终之时，她叮嘱唐太宗说后事不可厚费，但请因山而葬，不要起坟，不用棺椁，所须器服，皆以木瓦，俭薄送终。

唐太宗遵照长孙皇后的遗言，在皇后崩后，把她临时安厝在九嵕山新凿之石窟内，陵名昭陵。并决定把昭陵也作为自己的归宿之地，等他驾崩后与皇后合葬。于是在昭陵穿凿地宫，开始了大规模的营建工程。

从历史记载来看，似乎首先提出"因山而葬"的是长孙皇后，唐太宗只不过是遵照皇后遗言为其选择九嵕山而已。其实不然，应当说在长孙皇后驾崩之前，唐太宗就已选定九嵕山日后作为自己与皇后的陵墓，只不过是皇后先崩，于先说出了她与唐太宗商量的归宿之地。唐太宗在埋葬长孙皇后不久的一段话道出了玄机：

皇后节俭，遗言薄葬，以为"盗贼之心，止求珍货，既无珍货，复何所求"，朕之本志，亦复如此。王者以天下为家，何必物在陵中，乃为己有。今因九嵕山为陵，凿石之工才百余人，形具而已，庶几奸盗息心，存没无累。当使百世子孙奉以为法。

潜葬 造若干假的墓穴，而将真尸葬地隐匿。起源于我国古代北方草原帝国中王公贵族的一种特殊的陵冢制度，也是虚葬、潜葬、招葬、复葬这四大特殊葬俗之一。潜葬是为了保护帝王帝后以及皇亲国戚的遗体不受盗墓者打扰的安葬方法。

这里所说的"朕之本志，亦复如此"，其实指的就是"因山为陵"并选择九嵕山作为他和皇后的陵墓，都是由他决定和选定的。同时，从这段话中也反映了一代明君唐太宗的薄葬思想。

昭陵是由唐代著名工艺家和美术家阎立德、阎立本兄弟精心设计的。其平面布局既不同于秦汉以来的坐西向东，也不是南北朝时期"潜葬"之制，而是仿

■ 昭陵景区石像雕刻

■昭陵陪葬皇后墓

照唐长安城的建制设计的。

　　昭陵的陵寝居于陵园的最北部，相当于长安的宫城，可比拟皇宫内宫。在地下是玄宫，在地面上围绕山顶堆成建为方形小城，城四周有四垣，四面各有一门。

　　刚建乾陵时，曾经架设过栈道，栈道长400米，即230步，长孙皇后先葬于玄宫，由于唐太宗与长孙皇后伉俪情深，唐太宗在长孙皇后下葬后仍未下令拆除栈道，反而在栈道旁建造房舍供宫人居住，让长孙皇后仍然像在世那样。直到唐太宗入葬进昭陵，栈道才被拆除，使昭陵与外界隔绝开来。

　　长孙皇后入葬的玄宫深75丈，有石门5道，中间为正寝，是停放棺椁的地方，东西两厢排列着石床。床上放着许多石函，里面装着殉葬品。墓室到墓口的通道由3000块大石砌成，每块石头都有两吨重，石与石之间相互铆住。

　　根据史书《旧五代史·温韬传》的记载，玄宫的宫室“制度闳丽，不异人间”，陵墓的外面也建造了华丽的宫殿，苍松翠柏，巨槐长杨。唐代著名诗人杜甫在《重经昭陵》诗中说：

陵寝盘空曲，熊罴守翠微。
再窥松柏路，还见五云飞。

在主峰地宫山之南面，是内城正门朱雀门，朱雀门之内有献殿，是朝拜祭献的地方。后来曾在这里出土残鸱尾1件，高1.5米，宽0.6米，长11米，因此献殿的屋脊，其高应在10米以上，而门阙之间约5米，恰在献殿正中。

在主峰地宫山北面，是内城的北门玄武门，置有祭坛，紧靠着九嵕山的北麓，南高北低，用五层台阶组成，越往北伸张越宽，平坦而略呈梯形。在南三台地上有寝殿，东西庑房，阙楼及门庭，中间龙尾道通寝殿，是昭陵特有的建筑群。

司马门内列置了14国君长的石刻像：突厥的颉利、突利可汗及阿史那·社尔和李思摩，吐蕃的松赞干布，高昌、焉耆、于阗诸王，薛延陀、吐谷浑的首领，新罗王金德真，林邑王范头黎，婆罗门帝那优帝阿那顺等。

■陕西昭陵石碑

这些石像刻立于唐高宗初年，可见贞观时期国内各民族大团结，唐对西域的开拓以及与邻邦关系的盛况。古人形容

适地的居住

西域 狭义上是指玉门关、阳关以西，葱岭即今帕米尔高原以东，巴尔喀什湖东、南及新疆广大地区。而广义西域则是指凡是通过狭义西域所能到达的地区，包括亚洲中、西部地区等。唐代在西域设立了完备的行政体系，将西域划归陇右道，并设立"安西四镇"作为西域地区的主要城市。

这些石像：

> 高逾常形，皆深眼大鼻，弓刀杂佩，壮哉，异观矣！

后来发现的石像，都高不过6尺，连座约9尺许，并未超过常形。司马门内列置的石刻像，有眼窝深鼻梁高的人，有满头卷发的人，有在头上缠着辫子的人，有发型是头发中分向后梳拢的人，有戴头盔的人，但没有佩带武器的人。服装有翻领和偏襟两种。仅从这些情况就可以看出，这些石刻像的雕刻是十分形象生动的。

因为九嵕山绝佳的地理位置，围绕着昭陵还有

■唐昭陵人物石刻

■唐昭陵神兽石刻

许多陪葬墓。据昭陵有碑及出土墓志记载：陪葬者可以享受国葬的规格，丧葬的费用由官府来出，有的官员可以立碑，有的赠米或布帛，有的赏赐衣物等。

唐太宗与长孙皇后的昭陵共有陪葬墓180余座，主要有长孙无忌、程咬金、魏徵、秦琼、温彦博、段志玄、高士廉、房玄龄、孔颖达、李靖、尉迟敬德、长乐公主、韦贵妃等墓，还有少数民族将领阿史那·社尔等15人之墓。昭陵还分布有功臣贵戚等陪葬墓167座，已知墓主姓名的有57座，形成一个庞大的陵。

这些陪葬陵中有为纪念战功而起冢者，如李靖墓起冢象阴山、积石山，李勣墓起冢象阴山、铁山、乌德犍山，阿史那·社尔墓起冢象葱山，李思摩起冢象白道山等。还有皇帝亲自为其撰写碑文的人的陵墓，比如魏徵的墓碑是唐太宗撰写的，李勣的墓碑是唐高宗撰写的。

陪葬墓的石刻极为精美，温颜博墓前的石人，魏徵墓碑首的蟠桃花饰、尉迟敬德墓志十二生肖图案和石椁的仕女线刻图等，皆为当时

■陕西昭陵原址

的艺术精品。

陪葬墓内还有大量的精致的工艺品，例如李勣墓中花饰俊美的"三梁进德冠"，就是其中之一。据说三梁进德冠是唐太宗亲自设计的，一共只有3顶，专门用来赐予最有功的大臣。

众多陪葬墓衬托了陵园的宏伟气势，加上各墓之前又有很多石人、石羊、石虎、石望柱、石碑，点缀着陵园的景象，同时也寓意着唐太宗与臣子之间"荣辱与共，生死不忘"。

昭陵以其绝佳的地理位置，被誉为"天下名陵"，既是环境最好的帝陵，也是我国帝王陵园中面积最大、陪葬墓最多的一座。昭陵也是初唐走向盛唐的实物见证，是了解、研究唐代乃至我国封建社会政治、经济、文化难得的文物宝库。

阅读链接

九嵕山属石灰岩质，长期遭受高空风雨的剥蚀，山洪冲刷，不仅山陵建筑无存，就连原有的山势形体亦改变了不少。但仍可略辨当年陵寝构造遗留之痕迹：山势外形呈马鞍形即当地俗称的笔架山，南面山体两侧岩层伸出，呈簸箕形状；山腰残存有窑洞、窟窿等痕迹，可能与当年栈道建筑有关。

根据文献记载，昭陵建筑时，在南面山腰凿深75丈为地宫，墓道前后有石门5重；墓室内设东西两厢，列置许多石函，内装随葬品。五代军阀温韬盗掘昭陵记载有"从埏道下见宫室制度，宏丽不异人间"。

适地的居住

依山傍水的宋代八陵

在河南巩义嵩山北麓与洛河间的丘陵和平地上，有北宋八皇陵。该地依山傍水，风景十分优美，被人誉为"生在苏杭，葬在北邙"的最美宝地。

按照埋葬时间的先后，八陵中的主人和陵墓依次是：宋宣祖的永安陵、宋太祖的永昌陵、宋太宗的永熙陵、宋真宗的永定陵、宋仁宗

■巩县皇陵景区

的永昭陵、宋英宗的永厚陵、宋神宗的永裕陵和宋哲宗的永泰陵。

宋太祖赵匡胤的永昌陵是地面遗迹保存较好的一座宋陵。永昌陵陵台底边长48米至55米，高14.8米。陵园东西231.6米、南北235米，四面中央各辟一门。门址宽约18米，四门外各置一对石狮。

陵园南门与乳台间距142.5米，乳台与鹊台相距155米。东西两个乳台间距50米，西间两个鹊台东距54米。陵园南门与乳台间是神道，神道东西间距45米，对称列置各种石翁仲。由南向北依次是华表、石象及驯象人、瑞禽、角端各1对，石马及控马官、石虎、石羊各2对，"藩使"3对，文、武臣4对。陵园四门外有石狮，南门石狮北有武士，南门内陵台前有宫人。

华表高5.8米，宽1米，下为方形基座，上置莲花形柱础。柱身为八菱形，由下向上逐渐收拢，柱顶为仰覆莲间以宝珠上加合瓣莲花结顶。

柱身菱面雕刻为减地和单线阴刻两种，画面内容有云龙纹、长颈宝瓶和卷草花卉等。在巩义宋陵的华表中，永昌陵华表雕刻最佳，构

适地的居住

■宋代陵墓石刻

图精美，线条流畅。

■宋代皇陵驯象人

石象长2.55米、宽1.1米、高2.15米，驯象人高2.23米、宽0.79米、厚0.56米。石象身躯庞大，造型雄伟，身披华丽的锦绣，背置莲花座，象鼻拖地，面饰辔勒。象取立姿，腹下镂空。

驯象人头戴包头巾，身着袍服，腰束方块玉带饰物，双手拱于胸前，执驯象物。

瑞禽高2.2米、长1.73米、宽0.63米。整体似圭形，浮雕层叠山峰，两侧和顶端未雕出山峰纹。西列瑞禽石雕中浮雕出一只马首、龙身、鹰爪、凤翅、雀尾的怪禽。东列瑞禽是巩义市宋陵现存14件瑞禽中唯一的一件刻羊首的，其余均为马首。

角端高2米、长2米、宽0.8米。角端是人们想象中的一种动物，其形象为独角，前唇特长，或卷或伸，四足如狮，两肋雕有双翼。

玉带 也叫带铸或玉带板，是用玉装饰的皮革制的腰带。玉带佩戴在腹前正中腰带两端的连接处，起初是皇宫贵族服饰上的装饰品，后来被定制为官服专用。不同级别的官员使用的玉带，其质地、形状、数量、纹饰，都是有明文规定的。

■ 宋陵武士石雕

幞 也叫折上巾或软裹，是我国古代男子用来包头的一种软巾。因为所用的纱罗通常为青黑色，故也称"乌纱"，后代俗称为"乌纱帽"。有平式、结式、软脚、圆顶直脚、方顶硬壳5类，式样有直角、局脚、交脚、朝天、顺风等。

石马高2.1米、长1.8米、宽0.74米。控马官高2.7米，胸宽0.7米、厚0.5米。石马马身上雕饰出鞍、鞯、镫、缰、羁、铃等马饰。控马官头戴官帽，身着长袍，手执杖或缰。

石虎高1.7米、长1.3米、宽0.55米。身躯庞大，雕刻细致，造型逼真。

石羊高1.6米、长1.2米、宽0.5米。造型浑实，通体素面。

"藩使"高约3米，胸宽0.85米、厚0.68米。宋代文官以宰相为首，武官以枢密使为首，上朝排列次序文官在武官之上，因而陵墓石刻中文臣像居北、武臣像位南。

石象中的文、武臣服饰相同，其区别仅在文臣执笏板、武臣拄长剑。文武臣头戴三梁或五梁冠，身穿长袍，腰系方块玉带。

陵园四门外各有一对石狮。石狮左牡右牝，牡狮卷鬣，牝狮披鬣。在南门外的二狮为行狮、立姿，相顾对视，高1.9米、长3.08米、宽0.82米。东、西、北门石狮皆蹲踞昂首，高1.58至2.05米、长1.7米、宽0.7至0.9米。

镇门武士1对，位于陵园南门之外、石狮之北，高约4米，肩宽1.1米、厚0.7米。武士像高大、勇猛，头戴盔，身穿盔甲，手执兵器。

宫人两对，分别位于南门内、陵台前。宫人高约3米，肩宽0.57米，厚0.4米，戴幞头，穿窄袖长袍，面部清秀，像是宫女。

宋太宗赵光义的永熙陵距永昌陵约有1000米。永熙陵的石像雄伟，艺术性高。永熙陵的石羊昂首静卧，形象优美，造型艺术或雕刻技法都是宋陵中最优秀的。

永熙陵的鹊台、乳台、门阙等建筑，都超越前代。永熙陵是宋代陵墓中最大的陵，从神道起处的鹊台到神坛底止，全长约586米。

地上有上宫、下宫、宫城和陵台等建筑群。陵的四周种满了松、柏、枳、橘之属和四时花卉。陵台高达80余米，陵台下的地宫在30米深的地下。

墓室深入地下15米，有一条40米长的倾斜墓道通向地面，墓室的整个结构呈圆台形，高12米，底面直径达 8米，全部仿木结构，墓壁、门、窗、立柱、屋檐以及墓顶的斗、拱等物，都是用砖砌成的。

两扇青石凿成的大门，宽2.7米，高达4米。门扉上有阴线刻画的神荼、郁垒像。

民间传说，东海中有一座神山，名叫度朔山，山上住着两个

■ 宋陵墓葬石雕

郁垒 我国古代传说中能制伏恶鬼的神人，相传是驱鬼神灵钟馗的将官，也是门神之一，位于右边门扇上。相传神荼、郁垒曾用桃条捆起恶鬼扔给了老虎，桃木辟邪的说法由此而来，同时桃木也成为辟邪驱鬼的工具。

神人，一个名叫神荼，一个名叫郁垒，他们是负责管理万鬼的神。山上有一棵神奇的桃树，它的枝叶覆盖着3000米远，东北面的枝叶形成了一座门，万鬼就从这里出入，这两个神把守着这座鬼门，凡是作恶害人的鬼，他们就用芦苇绳把它捆起来拿去喂虎，所以万鬼都害怕神荼、郁垒。

后来人们就把这两个神人的像，画在门上以驱鬼辟邪，这就是"门神"的由来。

永定陵是宋真宗赵恒的陵墓，位于河南省巩义市蔡庄北1千米。周围有建筑遗址土丘16个。因为永定陵尚未正式发掘，陵内情形尚不为人知，但陵前的石刻马、羊、狮、虎等保存完好，在北宋诸陵中是保存得最好的一组。

永昭陵是北宋第四代皇帝宋仁宗赵祯的陵寝。位于河南巩义境内。

■巩县八陵神兽

永昭陵由鹊台至北神门，南北轴线长551米。南神门外的神道上，布置有东西对称的石人13对，石羊2对，石虎2对，石马2对，石角端、石朱雀、石象、石望柱各1对，这些石刻造型秀长，雕法细腻。

武士身躯高大，形象勇猛，目不斜视、忠实地守卫着宫门。客使体质厚重、轮廓线条简练明确，双手捧贡品，身披大袍，衣褶垂到脚边，人物形神兼备。

石虎造型威武雄健，石羊面目恬静清秀。永昭陵的石朱雀雕刻尤为精美，整屏呈长方形、通身雕成层叠多变的群山云雾，烘托着展翅欲飞的朱雀，美丽的雀尾犹如一把俊扇挥动着风云。

宋英宗赵曙的永厚陵，在巩义旧名"和儿原"的一块高地上，东南距永昭陵只有500米远近。永厚陵的陵台残高15米，底呈正方形，每边长55米，陵前石刻尚残存16件。其中的"望柱"雕刻特别精美，它呈八菱形，每面都有精雕细琢的云龙纹，纹饰细如游丝，流动变幻，为宋陵石雕佳品。

宋神宗赵顼的永裕陵，呈"覆斗形"，底边略为正方，每边60米左右，高约18米，上下有两层台阶，底层原用砖石围砌，上层密植松柏长绿植株。

陵前石雕像共有17件，是晚期宋陵石刻的代表作品，造型生动，技法纯熟、流畅。南神门外的石狮，雕刻得刚健、浑厚、生气勃勃。

人们品评宋陵石雕说："东陵狮子，西陵象，溮沱河上好石羊。"认为永熙陵的石羊、永泰陵的石象和永裕陵的石狮的造型和雕工之佳，在宋陵诸石刻中，应位列榜首。

宋哲宗赵煦的永泰陵东南距永裕陵约400米。据有关史料记载，修建哲宗的永泰陵时，仅取石材一项就动用工匠4600人，石27600块。又动用士兵9744人、民夫500人，把这些石头从二三十千米之外、崇山峻岭之中的偃师粟子山运到陵区。

修建永定陵时，雕刻侍从人物及象、马等动物的石头用了62块，门石用了14块，皇堂券石用了27377块。

北宋时的皇陵是我国一个规模庞大、气势雄伟的皇家陵墓群，长眠着历史上很多优秀的明君。而卓越的石刻艺术，正是北宋皇陵中的焦点。

阅读链接

宋太祖赵匡胤在建立宋王朝之后，依据宰相赵普提出的"削夺其权，制其钱谷，收其精兵"的12字方针，分别从政权、财权、军队这3个方面来削弱了藩镇，以达到强干弱枝、居重驭轻的目的。

首先，赵匡胤派遣文官取代军人担任地方州郡的长官，并在知州之外设立通判，两者共掌政权，互相牵制，分散和削弱了地方长官的权力。然后又设置了转运使来管理地方财政。最后，赵匡胤又将精锐将士都抽调到中央禁军里。这样一来，赵匡胤就提高了中央的威权，防止了大臣专权的局面。

天然宝地的明十三陵

明十三陵是明王朝迁都北京后13位皇帝陵墓的皇家陵寝的总称，依次建有长陵、献陵、景陵、裕陵、茂陵、泰陵、康陵、永陵、昭陵、定陵、庆陵、德陵、思陵，因此称为"明十三陵"。

古代卜选墓地的理论依据是：葬地内有生气，生气可以带来福

明十三陵大红门

廖均卿（1350年～1413年），字兆保，号玉峰，兴国梅窖乡三僚村人。以建明十三陵之长陵有功，被封为钦天监灵台博士。廖均卿因此被皇帝以四品职衔供养至老死，他的墓地至今还在三僚村的半山腰上。撰有《行程记》等。

■十三陵雕刻

音。而生气在地里是流动的，遇风吹就会失散，遇水流拦挡就会停止不动。所以，古人寻找墓地，都是选择生气凝聚的地方，即风吹不到、有水流可以阻挡它流动的地方。明十三陵陵址的卜选，就是在这种思想的指导下进行的。

明十三陵陵址的卜选最初始于明永乐年间，为了求得吉祥的墓地，明成祖命江西术士廖均卿在昌平境内寻找墓地。

廖均卿卜选的方针是：四面有山，左右和前面有水；山水曲折变化；龙、穴、砂、水之间的相配关系等。龙指陵后的山脉，穴指陵墓中安放棺椁的地方，砂指陵寝自然格局中龙以外的其他山脉，水指河流。

廖均卿先察看了在南京的孝陵地理之后，又到北京察看了京西燕台驿、玉泉山、潭柘寺、香山，京北的阳山茶湖岭和怀柔的洪罗山、百叶山，又先后察看

了辛家庄、斧口、谷山、文家庄、石门驿、汤泉、禅峰寺。

■ 明十三陵牌坊

在遍鉴了京郊之后，廖均卿前往昌平黄土山。登高纵目，见该处地理绝妙，为他处所不及，便绘成地图，上朝献与明成祖，并建议皇帝亲临黄土山观察。经明成祖亲自踏勘确认后封为"天寿山"，并于1409年开始修建十三陵的第一座陵墓长陵。

明十三陵所处的地形是北、东、西三面环山，南面是敞开的，山间泉溪汇于陵前河道后，向东南奔泻而去。陵前6千米处神道两侧有两座小山，东为龙山，西为虎山，符合东青龙、西白虎的"四灵"方位格局。

用传统居住文化理论来衡量，天寿山山势延绵，"龙脉"旺盛，陵墓南面而立，背后主峰耸峙，左右有"护砂"即山的环抱，向南远处一直伸展至北京小平原，前景开阔。陵墓的明堂基址平坦宽广，山上草

四灵 《礼记·礼运》："麟、凤、龟、龙，谓之四灵。"其中麟为百兽之长，凤为百禽之长，龟为百介之长，龙为百鳞之长。以此有北方玄武、西方白虎、南方朱雀、东方青龙之说。青龙、白虎、朱雀、玄武合称"四象"，又称四方四神。

木丰茂，地脉富有"生气"，无疑是一处天造地设的帝陵吉壤。

明十三陵是一个聚人气、财气的天然宝地。在我国传统陵寝理论的指导下，明十三陵从选址到规划设计，都十分注重陵寝建筑与大自然山川、水流和植被的和谐统一，追求形同"天造地设"的完美境界，用以体现"天人合一"的哲学观点。

明十三陵是一个天然具有规格的山区，其山属太行余脉，西通居庸，北通黄花镇，南向昌平州，不仅是陵寝之屏障，实乃京师之北屏。太行山起泽州，蜿蜒绵亘北走千百里山脉不断，至居庸关，万峰矗立回翔盘曲而东，拔地而起为天寿山。山崇高正大，雄伟宽弘，主势强力。这一优美自然景观被视为天然宝地。

明十三陵是我国历代帝王陵寝建筑中保存得比较好的一处。明十三陵神路是由石牌坊、大红门、碑楼、石像生、龙凤门等组成的。

石牌坊为陵区前第一座建筑物，建于1540年。牌坊结构为五楹、六柱、十一楼，全部用汉白玉雕砌，在额枋和柱石的上下，刻有龙、云图纹及麒麟、狮子等浮雕。这些图纹上原来曾饰有各色彩漆。整个

明十三陵神道

■明十三陵碑亭

牌坊结构恢宏，雕刻精美，反映了明代石质建筑工艺的卓越水平。

过了石牌坊，即可看到在神道左、右有两座小山。东为龙山也叫蟒山，形如一条奔越腾挪的苍龙，西为虎山，状似一只伏地警觉的猛虎。龙和虎分列左右，威严地守卫着明十三陵的大门，我国道教也有"左青龙，右白虎"为祥瑞之兆的说法。

大红门是陵园的正门，坐落于陵区的正南面，门分3座洞，又名"大宫门"。大红门两旁原各竖一通石碑，上面刻着"官员人等至此下马"的字样。凡是前来祭陵的人，都必须从此步入陵园，以显示皇陵的无上尊严。

大门两侧原有两个角门，并连接着长达40千米的红色围墙。在蜿蜒连绵的围墙中，另设有一座小红门和10个出入口，均派有重兵驻守，是百姓不可接近的禁地。这些围墙都早已坍塌，有些残迹尚依稀可辨。

大红门后的大道，叫"神道"，也称"陵道"。神道起于石牌坊，穿过大红门，一直通向长陵，原本是为长陵而筑，但后来渐渐成

为全陵区的主陵道。这条神道全长7千米，纵贯陵园的南北，沿线设有一系列建筑物，错落有致，蔚为壮观。

在神道中央的是碑亭，碑亭是一座歇山重檐、四出翘角的高大方形亭楼，为长陵所建。

亭内竖有龙首龟趺石碑一通，高6米多。上题"大明长陵神功圣德碑"，碑文长达3500多字，是明仁宗朱高炽撰文，明初著名书法家程南云所书。该碑碑文作于1425年，碑石却是1435年才刻成的。

在碑的北面还刻有清代乾隆皇帝写的《哀明陵十三韵》，详细地记录了明长陵、明永陵、明定陵、明思陵诸陵的残破情况。碑东侧是清廷修明陵的花费记录。西侧是嘉庆帝论述明代灭亡的原因。

碑亭四隅立有4根白石华表，其顶部均蹲有一只异兽，名为望天犼。华表和碑亭相互映衬，显得十分庄重浑厚。在碑亭东侧，原建有行宫，为帝后前来祀陵时的更衣处，现已无存。

石雕群是陵前放置的石雕人、兽，古称石像生。从碑亭北的两根六角形的石柱起，至龙凤门止的千米神道两旁，整齐地排列着24只石兽和12个石人，造型生动，雕刻精细，深为游人所喜爱。其数量之多，形体之大，雕琢之精，保存之好，是古代陵园中罕见的。

石兽共分6种，每种4只，均呈两立两跪状。将它们陈列于此，赋有一定含义。例如：雄狮威武，而且善战；獬豸为传说中的神兽，善辨忠奸，惯用头上的独角去顶触邪恶之人；狮子象征守陵的卫士；麒麟为传说中的"仁兽"，表示吉祥之意；骆驼和大象，忠实善良，并能负重远行；骏马善于奔跑，可为坐骑。

石人分勋臣、文臣和武臣，各4尊，为皇帝生前的近身侍臣，均为拱手执笏的立像，威武而虔诚。在皇陵中设置这种石像生，早在两千多年前的秦汉时期就有了。主要起装饰点缀作用，以象征皇帝生前的威仪，表示皇帝驾崩后在阴间也拥有文武百官及各种牲畜可供驱使，仍可主宰一切。

龙凤门又叫棂星门。由4根石柱构成3个门洞，门柱类似华表，柱上有云板、异兽。在3个门额枋上的中央部分，还分别饰有一颗石雕火珠，因而该门又称"火焰牌坊"。龙凤门西北侧，原建有行宫，是帝后祭陵时的歇息之处。

明十三陵依照我国传统陵寝理论精心选址，将数量众多的建筑物巧妙地安置于地下。它的建造体现了我国古代传统的建筑和装饰思想，阐释了我国传统文化的丰富内涵，是我国古代帝陵的杰出代表。

阅读链接

在明十三陵中，定陵的石碑背面右上角有一块白圆形的痕迹，清晰可见。在当地百姓中流传着"定陵月亮碑"的神奇传说。据说有一天明神宗梦见火神爷要把定陵烧光，他听罢大怒道："那你现在就让我瞎一只眼！"明神宗驾崩后入葬定陵时右眼睛始终睁着，待遗体安葬完毕，有人发现定陵石碑背面的右上角立即出现了一个白圆形的东西。据说它就是明神宗的右眼变的，因为他怕火神爷真的要来烧他的陵寝。

传说归传说，但也从一个侧面反映了封建帝王为了维护自己的君主地位，在任何时候都是不遗余力的。

万年吉地的清代皇陵

■顺治皇帝画像

在河北省遵化，有个地方叫马兰关，也被称为"马兰口"。它地处长城隘口，北临兴隆县，南与马兰峪相望，东傍雄山，西倚关城，是自古以来兵家的必争之地。

清顺治年间，年轻的顺治皇帝也像以往的皇帝那样，早早地给自己选择陵址。按照清祖制，皇帝登基的同一天，就要派出大臣，会同钦天监官员，外出寻找"万年吉壤"。当时派出的是江西术士陈壁珍，可他找了两年多，却没有

找到中意的地方。

有一次，顺治帝带着随从狩猎，来到了河北遵化马兰峪一带的凤台山。顺治帝登上一高处，举目四望。只见高山连绵，岗峦起伏，隆起的山脊在蓝天白云的掩映下若隐若现，犹如一条条天龙奔踊腾跃，呼啸长空。在天龙盘旋飞舞的中间，一块坦荡如砥的土地，蔚然深秀，生气盎然。东西两向各有一泓碧水，波光粼粼，缓缓流淌，形似一个完美无缺的金瓯。顺治帝不停地瞭前眺后，环左顾右，顿感王气葱郁，有龙蟠凤翥的感慨，不由得发出由衷的赞叹：

此山王气葱郁，可为朕寿宫。

言毕，顺治帝纵马来到一处向阳之地，翻身下马，双手合十，两目微闭，十分虔诚地向苍天高山祷告了一番。随后相度了一块相宜的地势，将右手大拇指上佩戴的白玉扳指轻轻取下，小心翼翼地扔下山坡，然后庄重地向身旁敛声屏气的群臣宣布："扳指停落的地方，就

■ 清东陵裕陵嫔妃陵寝正面

适地的居住

破土 指逝者埋葬的过程或者凶然地方施工称为"破土",与一般建筑房屋的"动土"不同,"破土"专属阴宅和凶然工程,如兵工厂、狗肉店、停尸房等,"动土"专属阳宅,意思相同。破土结束后要举行一定的仪式。

是陵寝的地宫。"并将凤台山改名昌瑞山。

按选陵的规矩,随行的术士大臣、钦天监官员要用木铣在地上挖个磨盘大的圆坑,叫作"破土",这个圆坑叫作"金井",然后在圆坑上盖一个斛形的木箱,使金井永远见不到日、月、星三光。

就这样,清世祖的孝陵陵址定在马兰峪凤台山了,清东陵的陵墓工程也就这样开始了。

后来,钦天监刻漏科杜如预、五品挈壶杨宏量等人,专门又去了昌瑞山凤台岭相看地形地貌,勘测地质、水文状况,进行总体设计。他们都对当地可作为最佳陵墓的地理环境惊叹不已。

清东陵的"龙脉"来于太行,连接燕山,势如巨波。山如五魁站班,指峰佛手。所依的昌瑞山,前有金星峰,似朱雀翔舞;后有分水岭,若玄武垂头;左有鲇鱼关,青龙蜿蜒;右有黄花山,白虎麒祥。左右两水,分流夹绕,天地避近,龙虎交牙,烟炖、天台两座山对峙，形成天然关隘，称为兴隆口，确实尽得地理之吉。

对于清东陵的地理环境，清代官书《清朝文献通考》是这样描述的：

> 山脉自太行来，重岗迭阜，凤翥龙蟠，嵯峨数百仞。前有金星峰，后有分水岭，诸山耸峙环抱。左有鲇鱼关、马兰峪，右有宽佃峪、黄花山。千岩万壑，朝宗回拱。左右两水分流浃绕，俱汇于龙虎峪，崇龙巩固，为国家亿万年钟祥福地。

清东陵是我国现存规模最大、体系最完整的古帝陵建筑，共建有皇陵5座，包括清顺治帝的孝陵、清康熙帝的景陵、清乾隆帝的裕陵、清咸丰帝的定陵、清同治帝的惠陵，以及东太后慈安、西太后慈禧等后陵4座、妃园5座、公主陵1座，共计埋葬了14个皇后和136个妃嫔。

清东陵陵寝是按照"居中为尊""长幼有序""尊卑有别"的我国传统观念设计并排列的。

入关第一帝清世祖顺治皇

■清东陵皇帝陵寝

适地的居住

■清西陵大红门

中轴线 《中国建筑史》把我国古代大建筑群平面中统率全局的轴线称为"中轴线",并且指出:"世界各国唯独我国对此最强调,成就也最突出。"在左右古都北京城数百年的建筑格局上,中轴线起着相当重要的作用。

帝的孝陵位于南起金星山,北达昌瑞山主峰的中轴线上,其位置至尊无上,其余皇帝陵寝则按辈分的高低分别在孝陵的两侧呈扇形东西排列开来。

孝陵之左为清圣祖康熙皇帝的景陵,次左为清穆宗同治皇帝的惠陵;孝陵之右为清高宗乾隆皇帝的裕陵,次右为清文宗咸丰皇帝的定陵。这种布局,形成儿孙陪侍父祖的格局,突显了长者为尊的伦理观念。

同时,皇后陵和妃园寝都建在本朝皇帝陵的旁边,表明了它们之间的主从、隶属关系。凡皇后陵的神道都与本朝皇帝陵的神道相接,而各皇帝陵的神道又都与陵区中心轴线上的孝陵神道相接,从而形成了一个庞大的枝状体系,其统绪嗣承关系十分明显,表达了瓜瓞绵绵、生生息息、江山万代的愿望。

清西陵的筹建始于清雍正时期。雍正皇帝的陵址本来是选在清东陵九凤朝阳山,但他认为"规模虽大而形局未全，穴中之土又带砂石，实不可用"，因而将原址废掉，下令另选万年吉地。

这时，受命选陵址的人奏称说："易县永宁山是乾坤聚秀之区，阴阳汇合之所，龙穴砂水，无美不收。形势理气，诸吉咸备。"雍正皇帝览奏后十分高兴，也认为这里"山脉水法，条理详明，为上吉之壤"。自此，清各代皇帝便间隔分葬于遵化和易县东、西两大陵墓。

清西陵自1730年首建泰陵至1915年光绪的崇陵建成，历经186年。共建有帝陵4座，包括清雍正帝的泰陵、清嘉庆帝的昌陵、清道光帝的慕陵、清光绪帝的崇陵。还有帝后陵3座，妃陵3座，以及公主陵、阿哥陵、王爷陵等一共14座。1995年,末代皇帝溥仪的骨灰也葬入清西陵。

清代帝王在选勘陵址时，以我国传统的陵寝理

永宁山 位于河北省保定市易县城西15千米处，北京以西125千米。原名泰宁山。自清雍正依山建清西陵以来，雍正帝的寝陵定名为"泰陵"，泰宁山更名为永宁山。事实上，明清时期的皇陵大都依山而建，在划定陵区以后，将首陵所背靠的山赐以嘉名，以前所用的地方土名不能再用，成为定制。

■清西陵神道

论为依据，刻意追求"龙穴砂水无美不收，形势理气诸吉咸备"的山川形势，以达到"天人合一"的意象。陵寝理论中的"龙脉""砂山""水口""穴位""向法"被称为"地理五诀"，这是选择墓地的核心要素，而清西陵在这些方面则具备了独特的条件。

"龙脉"是对绵延山脉的称谓，古代陵寝首推龙脉。龙就是山的脉络，山的土是龙的肉，山的石是龙的骨，山的草木是龙的毛发。

清西陵坐落于易县西部20千米的永宁山下，从大的格局来看，其地理形势是东控河北平原，西隔涞源而接恒岳，南连完唐以接太行，北临涞水遥接燕山山脉。其境内岗峦起伏，峻岭环峙，使西部诸山成突拔之势，高出海平面1500米以上者甚多，如平顶山、五回岭、黄岭等为境内最高峰，稍东诸山，高的也超过1000米，整体地势西高东低。清西陵就是以永宁山为主脉。

永宁山是太行山的支脉，其主干西起涞源县大岭，向东延伸进入易县连接黄土岭，再向东北至五回岭，再向东北经车儿岭、蝙蝠岭、龙门岭，约50千米而至易县紫荆岭，由此直向东北5千米为云蒙山，再至东北10千米为官座岭，再向东北15千米为奇峰岭，再向东北为龙潭

■清西陵泰陵碑亭

■清西陵泰陵正殿

顶，再向东稍南为洪崖山，又向东北为天堂山，至此入涞水界。自云蒙山向西南为狼牙山脉。这些山脉皆高峰连绵，为易县境内诸山之纲领，形成对西陵自南向西北至东北的最外围的大的半围合。

永宁山脉又可分为自西南向东北的10个支脉，包括黄土岭、石板山、五回岭、郎山、孔山、燕山、紫荆岭、泰宁山、奇峰岭、黄土岗。其中的泰宁山山脉自西向南而东巍峨耸峙，其分支有马头山、双尖山、云蒙山、后宝山、前宝山。

以上山脉可以看作是陵寝来龙山脉的构成部分，也可以看作是整座陵区南、西、北三面环护山脉的远处雄伟气势的形成。符合传统陵寝理论对于龙、穴、砂、水近形的要求。西陵各陵寝就参互错综于各山脉分支内。

以泰陵为例，泰陵以永宁山为北面的靠山或称少祖山。永宁山自西南向北而来，又向东北伸延，绵延数百里，巍峨耸拔，端崇雄伟，顿错有致，形成北面的天然屏障，阻挡着北面的寒风，迎纳南部的阳光和温暖的气流，形成一个良好的小气候圈。这非常符合陵寝理论所讲的来龙的气势。

砂山，指陵寝周围除来龙之外的群山，与龙山呈隶从关系，龙与

适地的居住

■清西陵神道

案山 又称迎砂，是指穴山与朝山之间的山，即距穴山最近而小的朝山延伸略高出明堂的这一部分坡地。与案山相对为远者则为朝山。小气局的案山距离较近，百步转栏即为案；大气局案山较远，可以是几千米、十几千米，甚至几十千米。

砂的关系是"龙为君道，砂为臣道，君必为乎上，臣必伏乎下"。泰陵前的龙凤门的案山是蜘蛛山，大红门的案山为元宝山，泰陵的朝山是东旮旯村南的双耳岭山。左右两侧有对应护卫的青龙、白虎砂山。

水口，在陵寝理论中占有相当重要的位置。实际上，水口砂所居地门，不啻天然门户，故称之为"地户"，更喻为"气口"，像人的口鼻通道，实与命运攸关。

比如，九龙山、九凤山即是泰陵的水口砂山。东西华盖山是最南端的环护砂山，也是陵墓的天然门阙，矗立于前方，与后方的主山遥相响应。陵墓左右的砂山、蜘蛛山、九龙山、九凤山、元宝山、东西华盖山与后面的靠山永宁山成主从朝揖拱拜之势，同时又使整个陵区形成封闭的空间围合和良好完整的小气候，这正符合传统陵寝理论中的前朱雀、后玄武、左青龙、右白虎、怀抱蜘蛛、脚踏元宝、手扶左右华盖的完美格局。

传统陵寝理论不仅要求有山，同时对山的外观景象也有要求，凡山紫气如盖，苍烟若浮，云蒸雾霭，四时弥留；草木繁茂，流泉甘洌，如是者方为天然宝地。

西陵境内群山林立，山上长满各种树木，春夏秋冬四季繁茂，形成壮丽的景观。云蒙山山高林密，森林植被丰富，春天，桃花随着春风飘荡；夏季，瀑布急流，浪花飞溅；秋季，漫山红叶，耀人眼目；冬季，万物沉寂，山舞银蛇。

入山寻水口，登穴看明堂。西陵境内有北易水河，它发源于云蒙山南麓，经陵区自西向东流淌，于定兴县汇入中易水。5千米以上的支流共有20条，西陵各陵墓旁均有北易水支流。北易水四季长流，水质甘洌，如弯弓似飘带，在陵区盘旋而去。水在南部为朱雀水，西北涞水叫天门，出东南为水口。可见北易水是陵寝选址之法所要求的理想之水。

穴位，按格局来论，南向为正，居中为尊，后对来龙，前有案山，形成四至山水环抱有情的种种意向。同时，选择地势较高的地

■清永陵正殿

地质断层 在自然界中，大规模的破裂面被称为地质断层。一条断层的两侧可以逐渐地并难以察觉地互相滑过；也可以突然破裂，以地震形式释放能量。在后一情况下，断裂两侧存在相对错动，以致一度横过断裂排列的岩石会发生变位。许多断裂非常长，有的可在地表追踪几千米。

方，以使水无亲肌近肤，还要平缓开阔，既有利于建筑的经营布局，又有明堂容万马的宽敞局面。这一方面能倚周围山川拱抱阻御风沙，迎纳阳光，阴阳和合，形成良好的小气候；另一方面，因为龙、砂、水种种景观皆钟情在穴中，更赋予丰富的视觉感受，得到游目骋怀的心情寄托。

再就穴法而论，在确定山向和穴位后，要开挖验土的探井。土质以细而不松，润而不燥，明而不暗的"生气之土"为佳。清西陵境内，地势宽阔，黄土层填塞，土脉沃腴，种植繁盛。从地质分析，北易水流经的大龙华至梁格庄是一断层处。从0.83厘米至40.3厘米深处均为紫色坚细的上等佳土。清西陵正是在这土质良好的地质断层上。

向法，就是陵墓朝向的理论。清西陵各个陵墓的坐向，基本属于自然立向，即有什么来龙，就立什

■ 清永陵牌坊

坐向。各个陵墓的坐向均是子山午向或癸山丁向，适应北方来龙，均属于坐北朝南的格局。

可以说，远处连绵的来龙祖山，构成了清西陵雄伟磅礴的龙腾气势，近处的左右砂山、案山、宝山，筑就了不逼不压、环抱有情的完美气韵和精神，是一处开在势内，势在形中，形全势就，形势相登的佳地。总而言之，西陵境内的龙穴砂水向诸要素，均符合传统陵寝理论的要求。

■ 清永陵界石

山海关外的清永陵是清祖陵，因此这里有必要介绍一下永陵的自然环境。永陵是清代"关外三陵"的第一陵，埋葬着努尔哈赤的曾祖、高祖、祖父和父亲，所以又叫"四祖陵""老陵"。由于当时努尔哈赤要在这里称帝，所以又称为"兴京陵"，至清顺治时尊为"永陵"。

努尔哈赤不仅在这里修建都城赫图阿拉城，创建了军政合一、兵民一体的八旗制度，还创制了满文。1644年，清世祖入关，在北京坐稳江山后的大清皇帝不忘祖宗，从清康熙到清道光的150年间，先后有4位皇帝9次来永陵祭祖。为了保护祖陵，清代历朝皇帝对永陵先后进行了28次大规模的扩建和修缮。

早在1598年，努尔哈赤还是明朝属下的建州左都督的时候，就在这里动工修建他的祖坟。当时有术

癸山丁向 指陵寝选址主旨是在和谐中求得天人合一，因而其布置是有一整套很严谨的要求，没有任何一个山向必定败或必定旺，要视乎整体的布局安排。先要审察宅外的山水峦头，再要看内局的生克制化。再配其时、运、命卦安排等。

■清永陵陵寝建筑

士先生对努尔哈赤说，这里依山傍水，沃野葱茏。启运山是条探头藏尾的巨龙，龙头朝西，面对蜿蜒潺潺的苏子河，很像伸着龙头饮水。对面是海拔480多米的烟囱山，高耸入云，成为天然屏障。东南是鸡鸣山，对着启运山金鸡报晓，西边是凤凰岭，与启运山形成龙凤呈祥。

　　永陵坐北朝南，神道贯穿，居中当阳，中轴不偏。永陵选择在启运山南麓背风朝阳，窝风藏气的龙脉正穴之前营造宝鼎正殿。由正穴向南修筑一条长约1千米的笔直通道，称"神路"，是陵寝的中轴线，也是陵寝的坐向线。享殿、启运殿就建在中轴线北端，有"居中当阳"之意。启运门、正红门都在轴线上坐北朝南依次排开，既有层层拱护正殿的作用，又有突出中心、强化皇权的寓意。

阅读链接

　　清代陵寝制度在清乾隆时期进行了革新。乾隆皇帝为解决对祖父和父亲恪尽孝道的问题，他定下制度，即从乾隆以后各朝皇帝建陵，均须遵循"父东子西，父西子东"的建陵规制，如果父亲葬东陵，则儿皇帝葬西陵，父葬西陵，则儿皇帝葬东陵，称之为"昭穆相间的兆葬之制"。

　　这种墓葬制度，形成了清东陵、清西陵现有的格局，造成了清东陵、清西陵两大陵墓群与我国明代以前历代皇家陵寝建陵制度的根本不同之处。